Impressum

Deutschland, warte nicht auf die Energiekonzerne!
Wir können unseren Strompreis und die Ausgaben für Heizung und Autofahren mehr als dritteln durch Eigenverbrauchsstrom von „Photovoltaik-Steckplatz-Feldern" und durch Windkraft-Anteile, beides organisiert von unseren (Land-)Kreisen.
Den Beweis, dass dies ganz ohne Einspeisevergütung funktioniert, finden Sie in diesem Buch!
Von Clemens Hauser

Published by: Clemens Hauser Publishing, Balgheim
Copyright: © 2013 Clemens Hauser, Balgheim, Juli 2013
1. Auflage

Satz:
Gottfried & Simmer Digital Publications GbR, Berlin, ebookatelier.com

Umschlaggestaltung:
Liv Mann

ISBN POD 978-3-9816074-4-4
ISBN Epub 978-3-9816074-0-6
ISBN Mobi 978-3-9816074-2-0

Clemens Hauser

Deutschland, warte nicht auf die Energiekonzerne!

Wir können unseren Strompreis und die Ausgaben für Heizung und Autofahren mehr als dritteln durch Eigenverbrauchsstrom von „Photovoltaik-Steckplatz-Feldern" und durch Windkraft-Anteile, beides organisiert von unseren (Land-)Kreisen.
Den Beweis, dass dies ganz ohne Einspeisevergütung funktioniert, finden Sie in diesem Buch!

Für alle, die Verantwortung für unsere Gesellschaft und unseren Planeten verspüren.
Für unsere Kinder.

„Vergessen wir nicht: wir alle haben eine täglich sprudelnde Ölquelle im Garten in Form von Licht und Wind. Dieses Wind- und Lichtkapital nicht zu nutzen, wäre tatsächlich die größte Energieverschwendung aller Zeiten. Aber wir wissen und können es besser!"
Clemens Hauser

Inhalt

Vorwort

Kapitel 1 – Wir können unseren Strom für nur ein Drittel des aktuellen Preises bekommen, haben aber bisher nicht bemerkt, dass dies möglich ist.
- Was sind unsere Bedürfnisse? Was ist zu tun?
- Warum also Photovoltaik?
  - Exkurs: „Eignung der übrigen erneuerbaren Energie-Formen im Vergleich zu Photovoltaik"
- Warum Batterien?
- Warum Eigenstromverbrauch?
- Warum ist die neue Idee der Steckplatz-Felder so vorteilhaft?
- Warum ist der (Land-)Kreis prädestiniert, eine zentrale Rolle zu spielen?
  - Exkurs: „Energiegenossenschaften und Bürgersolaranlagen"
- Warum finanzieren?
- Warum überregionale Genossenschaften zum Verkauf und zur Zwischenspeicherung des Steckplatz-Stromes?
  - Exkurs: „Stromspeicher"
- Strategie für den Winter
- Das können wir hinter uns lassen – zumindest fast
- Zwischenfazit

Kapitel 2 – Welche Vorteile bringen Ihnen die Photovoltaik-Steckplatz-Felder?

- Vorteile für Sie als Nutzer der Photovoltaik-Steckplätze!
  - Stromkostenersparnis
  - Heizkostenersparnis
  - Spritkostenersparnis
  - Fazit für unseren Drei-Personen-Musterhaushalt
- Ausblick in die Zukunft für Ihre Energieausgaben
  - Ersparnis des Drei-Personen-Musterhaushaltes über die nächsten 30 Jahre
  - Zukünftige Stromkosten
  - Zukünftige Heizkosten
  - Zukünftige Spritkosten
  - Fazit zum Ausblick in die Zukunft
- Noch weitere Vorteile für Sie als teilnehmender Nutzer!
- Vorteile für unseren (Land-)Kreis und unsere Kommune
- Gibt es eine bittere Pille?
- Die Vorteile für unser ganzes Land
- Die große Chance auch für Europa
- Was unser Konzept der ganzen Welt an Nutzen brächte

Kapitel 3 – Die Schritte zur Umsetzung des Steckplatz-Konzepts

- 1. Beratung und Kompetenzverteilung durch den Bundestag
- 2. Beginn der Planungen in einem Ausschuss des Bundestages
  - Auswahl einer Expertenkommission
  - Schaffung der Rahmenbedingungen
- 3. Detaillierte Planung der Umsetzung durch die Expertenkommission
  - Planung der Werbung und der ständigen Information über das Projekt
  - Auswahl der Test-(Land-)Kreise
  - Durchführung der Feldtests
- 4. Ergebnisdiskussion im Ausschuss und im Plenum des Bundestages und Abstimmung zu offenen Beschlusspunkten dort
- 5. Umsetzung im Großmaßstab
- 6. Ständige Nachkontrolle und Anpassungen, wenn nötig

Kapitel 4 – Wir wollen es durchsetzen

Über den Autor
Literatur-/Quellenverzeichnis
Abbildungen

Vorwort

Zuerst einmal vielen Dank, dass Sie interessiert sind an der Lösung wichtiger Herausforderungen unserer Zeit und dass Sie sich aus diesem Grund entschieden haben, dieses Buch zu lesen!

Die vor Ihnen liegenden Seiten beinhalten eine Strategie und konkrete Maßnahmen dahingehend, wie wir den Strompreis für Privathaushalte dritteln können, wie wir dies unter Verwendung von Photovoltaik plus Windkraft erreichen, und Sie erfahren, wie wir das alles ohne Einspeisevergütung oder vergleichbar kostenintensive Förderung schaffen.

Egal, ob Sie interessierte Bürgerin/interessierter Bürger, Kommunalpolitiker(in) oder Bundespolitiker(in) sind, dieses Buch ist für alle, die Verantwortungsbewusstsein für unsere Gesellschaft verspüren und die Zeit zum Handeln eher jetzt sehen anstatt übermorgen. Es ist ein Vorschlag, ein Leitfaden und ein Werkzeug, um mehrere wichtige Dinge gleichzeitig zu erreichen – was gibt es Effizienteres?

Dieses Buch liefert den Beweis, dass wir über alle Voraussetzungen für eine „sonnige" Zukunft mit günstiger und sauberer Energie bereits verfügen und es soll Sie motivieren, diese Zukunft zu unterstützen.

Seien Sie dabei mit Herz und Tatkraft und profitieren Sie von einer hoffentlich baldigen Umsetzung dieses Konzeptes!

Viel Inspiration und Freude beim Lesen!

Kapitel 1

Wir können unseren Strom für nur ein Drittel des aktuellen Preises bekommen, haben aber bisher nicht bemerkt, dass dies möglich ist.

Was sind unsere Bedürfnisse? Was ist zu tun?

Der aktuelle Haushaltsstrompreis für Ihre Wohnung und für die über 40 Mio. Haushaltsstromkunden in Deutschland ist vergleichsweise hoch und lag im Januar 2013 durchschnittlich bei 27,3 Cent pro Kilowattstunde (Verivox 2013). Er ist seit dem Jahr 2000 von 13,9 Cent/kWh auf den heutigen Wert angewachsen. Ursache hierfür waren Preissteigerungen der Energieversorgungsunternehmen (EVU), Preissteigerungen bei den Rohstoffen sowie Steuer- und Umlageerhöhungen, wie z. B. bei der EEG-Umlage, welche Anfang 2013 von 3,592 Cent/kWh auf 5,277 Cent/kWh stieg.

Als Lösung für diese Hochpreisproblematik von Energie wird das folgende Marktkonzept nun aufzeigen, wie die Bürger, die Kommunen und der Staat es innerhalb von zwei bis maximal fünf Jahren zusammen schaffen, dass

- die Bürger ihren Strompreis dritteln können,
- Strom dann die rentabelste Lösung zum Heizen ist und noch rentabler bei E-Autos sein wird,
- Deutschland insgesamt auf 80-100 % saubere Energie umschalten kann, die Energiewende also bald abgeschlossen wäre,
- der neue Boom der sauberen Energieproduktion ohne Einspeisevergütung funktioniert.

Klingt ambitioniert? Mit dem richtigen Plan und der richtigen Planung ist alles zu schaffen! Denken Sie auch so?

Und wie können wir das alles erreichen?

Die eben genannten Ziele erreichen wir über **„Photovoltaik-Steckplatz-Felder"** mit **Sonnennachführung**, welche **quasi kostenlos** vom **(Land-)Kreis** für die Bürger gestellt werden und auf denen die **bloßen Photovoltaik-Module und Batterien** einfach **„eingesteckt"** werden.

Sobald Module und Batterien dann eingesteckt sind, liefern sie **Eigenverbrauchsstrom zum langfristigen Niedrigpreis von etwa einem Drittel des aktuellen Haushaltsstrompreises,** direkt an den Hausstromzähler.

Das bedeutet für die Bürger: **Jeder kann dann günstigen Eigenverbrauchsstrom produzieren,** egal ob **Hauseigentümer oder Mieter.**

Die Photovoltaik-Module und Batterien selbst können zum **Herstellerpreis** direkt über den Kreis bestellt und mit dessen Hilfe **über die KfW-Bank finanziert** werden. Die Beschaffung der Module und Batterien geschieht mit der **gebündelten Kaufkraft aller Kreise Deutschlands** zusammen, wodurch ein entsprechender Rabatt beim Hersteller erzielt wird. Dieser wird **ohne Aufschlag** an die Bürger weitergegeben. Die Finanzierung erfolgt zu einem Zinssatz von **0,5-1 %, die Tilgung** mittels kleiner, **selbstbestimmter monatlicher Raten**.

Neben der Ersparnis gibt es darüber hinaus noch **Verdienstmöglichkeiten** mit der produzierten Energie, denn der überschüssige Strom der Teilnehmer kann **innerhalb der Kreisgemeinschaft getauscht** oder durch **überregionale Genossenschaften an der Strombörse verkauft werden.** Um für die Privatproduzenten einen möglichst **vorteilhaften Preis an der Strombörse** zu erzielen, wird der Strom teilweise – zur **Verstetigung des Stromangebots – durch die Genossenschaften zwischengespeichert.**

Um sicherzustellen, dass auch im **Winter billiger Strom verfügbar ist**, wird eine bestimmte Menge Eigenstrom über die **Power-To-Gas-Methode in Form von Gas** im **deutschen Gasnetz „angespart"**. Das „Sparkonto" verwalten die Genossenschaften. Vom Kreis werden ergänzend **Anteile an Windkraftanlagen verkauft, und je nach Bedarf errichtet,** um das Gasnetz und die Nachtspeicherbatterien wieder zu **entlasten.**

Stellen Sie sich also vor, wie wir durch dieses Konzept sauberen und günstigen Strom verfügbar haben und diesen sogar mit Überschuss! Dass wir ihn verbrauchen können, damit heizen und mit unserem E-Auto herumfahren können, soviel wir wollen und dies mit gutem Umweltgewissen! Und dass wir ihn darüber hinaus noch verkaufen und somit die Stromkosten minimieren, bzw. noch etwas dazuverdienen können. Das alles können wir bekommen, denn wir haben eine <u>Ölquelle im Garten</u>, eine ausreichende und saubere Quelle in Form von Licht/Sonne und Wind, aus der stetig Energie für Ihr Haus, Ihr Auto und zum Weiterverkauf sprudelt. Mit der oben beschriebenen Idee besitzen Sie dann Ihr eigenes Stromkraftwerk, mit dem Sie sogar im Ruhestand nach Spanien oder einfach in einen anderen Landkreis ziehen könnten, indem Sie es einfach mitnehmen (die Anteile an den Windkraftanlagen können Sie sich natürlich entsprechend ausbezahlen lassen).

Im Folgenden erfahren Sie noch weitere Gründe, warum die Lösung, die in diesem Buch aufgezeigt wird, umsetzbar ist – und zwar schnell und im großen Stil.

Warum also Photovoltaik?

Der wichtigste Schlüssel für unser Vorhaben ist die Tatsache, dass die Preise für Photovoltaik-Module im letzten Jahrzehnt stetig gesunken sind und somit auch die Kilowattstunde Photovoltaik-Strom viel günstiger geworden ist. Ein weiterer wichtiger Faktor ist, dass wir für unser Konzept nur die „nackten" Module benötigen, was den Stromherstellungspreis ebenfalls niedrig hält, anders als bei Dachinstallationen, bei denen viel mehr Kosten in den Strompreis mit einfließen. Mit unserem Markt-Modell ist eine kWh Photovoltaik-Strom daher sehr viel günstiger als der Haushaltsstrompreis der Energieversorger (zur Wiederholung: der Haushaltsstrompreis liegt bei 27,3 Cent/kWh – Ihr eigener Photovoltaik-Strom, gerechnet auf 30 Jahre Lebensdauer der Photovoltaik-Zellen, liegt bei einem Drittel und das bei deutschen Sonneneinstrahlungsbedingungen).

Was Ihr eigener Photovoltaik-Strom, wenn er als Eigenverbrauchsstrom vom Steckplatz-Feld geliefert wird, genau kostet, sehen wir in folgendem Beispiel. Der Übersichtlichkeit halber stellen wir einmal eine ganz einfache Rechnung auf.

Nach Berechnungen des „Fraunhofer-Institut für solare Energiesysteme" kann bei einer durchschnittlichen Sonneneinstrahlung von 1.300 kWh pro Quadratmeter und Jahr in Süddeutschland ein Verbund von Standardmodulen mit 1 kW Leistung (z. B. 5 Standard-Module à 200 Watt-Peak) eine Strommenge von 1.100 kWh erzeugen (Kost et al. 2012, S. 11). Mit Sonnennachführungsbewegung der Module werden, wenn wir den oberen Bandbreitenwert des möglichen Hinzugewinns nehmen, noch 30 % mehr erzielt (Wirth 2013, S. 52), sprich 1.430 kWh.

Auf 30 Jahre gerechnet, bei einem durchschnittlichem Leistungsverlust des Moduls pro Jahr von konservativ veranschlagten 0,5 % (Wirth 2013, S. 36), ergeben dies 39.730,47 kWh (die Lebensdauer der Anlage kann sogar noch höher als 30 Jahre angesetzt werden).

Ziehen wir Steckplatz-Gebühren von 120 kWh pro Jahr und pro installiertem KW-Peak ab, die der Kreis für seine Arbeit zurecht bekommen soll, dann liegen wir bei 39.730,47 kWh - (30*120 kWh) = 36.130,47 kWh.

Jetzt nehmen wir den Großhandelspreis für Dünnschichtmodule auf Basis von amorphem Silizium vom Dezember 2012 von 430 Euro/kW-Peak (pvXchange 2013) plus 19 % MwSt., also 511,70 Euro/kW-Peak und teilen den Preis durch die 36.130,47 kWh.

Als Ergebnis erhalten wir <u>1,42 Cent pro kWh.</u>

Dies ist natürlich eine vereinfachte Rechnung, sie zeigt jedoch nachvollziehbar, was wir mit Photovoltaik in Deutschland erreichen können.

Diese 1,42 Cent pro kWh sind jetzt logischerweise nur der Wert für den Strom während des Tages. Für unsere Energieversorgung nachts kaufen/finanzieren wir auch wieder idealerweise unsere eigenen Stromakkus. Für die Nachtversorgung steigt dann der Preis für den Eigenverbrauchsstrom um den Preis der Batterie an. Beide Preise zusammen, der Tag- und der Nachtpreis, formen dann den durchschnittlichen Preis für unseren günstigen Eigenstrom. Die kurze Beispielrechnung erfolgt im nächsten Unterkapitel.

Übrigens: Die Stromherstellungskosten (im Fachjargon meist Stromgestehungskosten genannt) bei einer Sonneneinstrahlung wie in Norddeutschland, von etwas reduzierten 1.100 kWh pro Quadratmeter und Jahr, liegen unter Verwendung der selben Kalkulation ebenfalls bei günstigen 1,77 Cent/kWh. Kalkulation: 900 kWh Stromerzeugung jährlich pro kW-Peak, plus 30 % durch Sonnennachführung ergibt 1.170 kWh. Auf 30 Jahre gerechnet sind dies, unter Abzug der Degradation, 32.506,75 kWh. Minus der Steckplatz-Gebühren von 120 kWh/Jahr auf 30 Jahre ergibt dies 28.906,75 kWh. Der Einkaufspreis von 511,70 Euro geteilt durch diese Anzahl an kWh, ergibt dann schließlich 1,77 Cent/kWh.

Beeindruckend günstige Zahlen!

Exkurs: „Eignung der übrigen erneuerbaren Energie-Formen im Vergleich zu Photovoltaik"

Was ist aber mit den noch übrigen erneuerbaren Energie-Formen? Und warum verwenden wir in der Hauptsache nicht die Windenergie vor der Photovoltaik für unser Konzept? Die Antwort ist: Im Vergleich zur eigentlich ebenfalls effizienten Windenergie sind die Herstellungskosten mit Photovoltaik als Haupttechnologie bereits niedriger. Bei Windkraft liegen die kWh-Herstellungskosten im Moment nämlich bei etwas höheren 8,1 Cent/kWh (Küchler/Meyer/Blanck 2012, S. 3) und wenn der Strom noch zwischengespeichert wird, für windstille Zeiten, liegen sie entsprechend der Zwischenspeicherungskosten noch einmal darüber. Prinzipiell ist Windkraft aber die ideale Ergänzung für unsere Photovoltaik-Module, da in sonnenarmen Stunden häufig vermehrt Wind vorhanden ist und umgekehrt.

Laut dem Fraunhofer-Institut gibt es für die Zukunft bei Windkraft zwar auch nur noch geringes Potential zu mehr Vergünstigung aber wichtiger ist auch hier die gute Verfügbarkeit in ganz Deutschland („*Für Onshore-Windenergie sind aufgrund der geringen aktuellen Stromgestehungskosten nur geringfügige zukünftige Kostensenkungen zu erwarten:* [zukünftig geschätzte Stromherstellungskosten (Anmerkung des Autors)] *0,06-0,068 Euro/kWh* " [Kost et al. 2012, S. 20]).

Bei Photovoltaik, sowohl bei Dünnschicht als auch bei Kristallin, ist dagegen sogar noch weiteres Vergünstigungspotential vorhanden. Dünnschicht Photovoltaik-Module sanken bei den Großhandelspreisen im Jahr 2011 um 40,3 % und im Jahr 2012 um 32,8 % (pvXchange 2013) und sinken weiter. Die Hauptgründe für die Preissenkungen sind technologische Verbesserungen und der Skaleneffekt durch gesteigerte Massenherstellung. Wird die Massenherstellung also noch etwas ausgeweitet, wie es durch die erhöhte Nachfrage aufgrund unseres Konzeptes passieren würde, kann der aktuelle Eigenstromherstellungspreis alleine dadurch schon weiter reduziert werden. In einer Fraunhofer-Studie wird zu diesem Thema beziffert: „*Der Trend deutet auf ca. 20% Preisreduktion bei einer Verdoppelung der kumulierten installierten Leistung.*" (Wirth 2013, S. 8).

Übrigens: Dünnschichtmodule können sehr gut mit diffusem Licht arbeiten und sind auf Freiflächenanlagen bei unserem Klima in Deutschland aktuell die Preis-effizienteste Wahl. Restlicht kann von ihnen, wenn die Temperaturen nicht über 25°C betragen, noch zu 96,5 % genutzt werden (Dünnschicht Modul der Firma T-Solar TS Full SJ TS410: „*At an irradiance of 200 W/m² and at a cell temperature of 25°C, the panel efficiency is 3.5% lower than the efficiency at Standard Test Conditions*" [Grupo T-Solar Global 2013, S. 2]).

Und warum verwenden wir in der Hauptsache oder als Ergänzung in unserem Konzept eigentlich nicht Wasserkraft, Biogas oder Geothermie? Dies sind alles erneuerbare Energiequellen, die wir in Deutschland haben, deshalb macht es auch Sinn diese zu nutzen, wo sie zur Verfügung stehen, bzw. sie zu erschließen, wo sie leicht nutzbar gemacht werden können. Leider ist dies in einem derart großen Stil wie bei Sonne und Wind meiner Meinung nach in absehbarer Zukunft nicht möglich. Hier einige Erläuterungen:

Wasserkraft lieferte im Jahr 2012 einen Anteil von 3,3 % des Stromes in Deutschland (entspricht 20,3 Terawattstunden von insgesamt produzierten 617 TWh [Agentur für Erneuerbare Energien 2012a]). Durch die gegebenen geographischen Gefälle-Verhältnisse in unserem Land kann mit einem signifikanten weiteren Ausbau leider nicht mehr gerechnet werden. Laut einer Studie des Bundesministeriums für Umwelt, Naturschutz und Reaktorsicherheit zum maximalen Potential der Wasserkraft in Deutschland, wird dieses auf 33,2 TWh bis 42,1 TWh geschätzt. Bei heutigem Stromverbrauch entspräche dies einem Anteil am Strommix von nur 5,4-6,7 % (Ingenieurbüro Floecksmühle et al. 2010, S. 11). Also wäre dies leider nicht der große Wurf, auch aus dem Grund, weil die Stromherstellungskosten bei 7,6 Cent/kWh (Küchler/Meyer/Blanck 2012, S. 3) und eher gleichbleibender Tendenz liegen.

Bei Photovoltaik gibt es hier keine Beschränkungen was die Verfügbarkeit anbelangt. Da in unserem Marktmodell auch jeder Mieter PV-Module anschaffen und davon profitieren kann, können sich theoretisch und praktisch 100 % der Menschen in Deutschland komplett mit Strom durch PV-Paneele versorgen.

Und was ist mit Biogas? Bei Biogas lag der durchschnittliche Verkaufspreis im Jahr 2010 bei 8,1 Cent/kWh. Die reinen Herstellungskosten könnte man sogar nur mit 6,2 Cent/kWh beziffern aber es bräuchte natürlich ständig Personal, das die Anlage mit Biomasse versorgt, was eben darüber hinaus erhöhte laufende Kosten bedeutet.

Und Geothermie? Geothermie zur Stromherstellung wird in Deutschland leider aktuell sehr wenig genutzt. Im Jahr 2011 steuerte sie nur 0,003 % am Stromverbrauch bei (Bundesministerium für Wirtschaft und Technologie 2013, S. 20). Die Stromherstellungskosten sind hier schwer bezifferbar und abhängig von der Komplexität und Tiefe der Bohrungen. Wenn keine Chemikalien wie bei der Fracking-Methode (Methode um Gestein in tiefen Erdschichten zu „sprengen") verwendet würden, und Erdstoßgefahren ausgeschlossen werden könnten, wäre die Geothermie ebenfalls eine sehr gute Energiequelle, wo definitiv weiter geforscht werden soll.

Was nun die drei letztgenannten erneuerbaren Quellen aus dem obigen Exkurs leider auch gemeinsam haben, ist, abgesehen von den etwas höheren Stromherstellungskosten als bei Photovoltaik, dass ein Wasserkraftwerk, eine Groß-Biogasanlage oder ein Geothermiekraftwerk durchaus komplexere Anlagen sind als ein Photovoltaik-Steckplatz-Feld und Windräder. Auch was die Erweiterbarkeit anbelangt, sprich wenn wir später einmal unseren Strombezug erhöhen wollen, kaufen wir uns beim Steckplatz-Feld individuell und einfach die Photovoltaik-Module hinzu und lassen diese dann einstecken – so viele wir wollen und wann wir wollen – ganz einfach.

Bei den Windkraftanlagen werden dann Anteile ausgegeben und bei erhöhtem Bedarf wird, falls notwendig, eine weitere Windkraftanlage errichtet – tendenziell nicht mehr ganz so flexibel aber dennoch praktikabel.

Das Hinzufügen neuer Module kommt dann spätestens zum Tragen, wenn Sie sich in einem zweiten Schritt entschließen, Ihre Wärmeversorgung von z. B. Heizöl auf eine elektrische Infrarotheizung umzustellen und, vielleicht danach, den Entschluss fassen, sich ein E-Auto anzuschaffen und dieses ebenfalls mit der eigenen Sonnenlicht-Tankstelle zu betanken.

Wenn wir nun für das Eigenstromverbrauchskonzept alle relevanten Eigenschaften der verschiedenen erneuerbaren Energie-Technologien in die Waagschale werfen, schneidet meiner Meinung nach die Kombination der Photovoltaik-Module als Hauptenergiequelle, die wir theoretisch einfach im Elektronikmarkt einkaufen könnten, und die Windenergie als Zusatzquelle, am besten ab.

Warum Batterien?

Batterien (hier gleichbedeutend mit Akkus) sind die ideale Speicherergänzung zu den Photovoltaik-Modulen für den Eigenstromverbrauch, denn als Stromspeicher für die Nacht und die Tagesrandzeiten ermöglichen sie die Nutzung des selbst produzierten Stromes auch wenn die Sonne nicht scheint. Aktuell beginnen hier die Preise, aufgrund des steigenden Interesses für eigene Solar-Batterien und der steigenden Produktion, ebenfalls langsam günstiger zu werden.

Für unser Steckplatz-Konzept werden die Batterien wieder zum niedrigen Herstellerpreis beim Kreis eingekauft, d.h. es werden einfach nur die bloßen Batterien erworben, ohne rund herum weitere Gerätschaften wie z. B. Steuerung, Wechselrichter oder Gehäuse mitkaufen zu müssen. Die Batterien werden dann völlig unkompliziert in die bereits vorhandene Infrastruktur im Steckplatz-Solarpark, in einer Batteriespeicher-Halle, eingesteckt.

Kommen wir einmal zu den Batteriekosten, denn wir wollen ja wissen, ob es sich wirklich bereits lohnt, Batterien als Speicher zu verwenden. Um das Preis-Leistungsverhältnis einer Batterie herauszufinden, also den Wert „Cent pro kWh für den gespeicherten und wieder abgegebenen Strom während der gesamten Lebensdauer", muss man verschiedene Eigenschaften der Batterien, die zur Auswahl stehen, mit einander vergleichen.

Sie müssen diese Berechnung aber nicht selbst anstellen, denn diese Information erhalten Sie dann vor Ort bei Ihrem Kreis-Service-Center, sobald es diesen gibt, oder auf deren Website.

Im Folgenden nur ein kurzes Beispiel. Es ist angelehnt an ein echtes Produktangebot eines deutschen Herstellers (derzeit konkurrieren hauptsächlich weniger effiziente, aber günstige Blei-Säure-/Blei-Gel-Akkus und leistungsstärkere, länger haltbare, aber dafür teurere Lithium-Ionen-Akkus miteinander).

Bestimmung der Speicherkosten „Cent/kWh" einer Blei-Säure-Batterie wie sie aktuell vom Hersteller zu kaufen wäre:

Annahme zu unserem Bedarf:
„Ab Sonnenuntergang brauche ich im Winter üblicherweise in meinem Haushalt 6,1 kWh Strom pro Nacht bis die Sonne wieder aufgeht."

Angaben vom Hersteller zur Beispiel-Batterie:

Herstellerpreis des Blei-Säure-Akkus pro Stück, (bzw. Einheit) inkl. MwSt.	1.309 Euro
Speicherkapazität	6 kWh
Wirkungsgrad (Verhältnis von gespeicherter und wieder abgegebener Strommenge)	80 %
Entladetiefe (mögliche Entladung, ohne dass die Batterie langfristig Schaden nimmt)	50 %

Zwischenergebnis 1:
Aus den obigen Angaben folgt eine tatsächliche Wiederabgabe-Kapazität von 6 kWh * 80 % * 50 % = 2,4 kWh

Zwischenergebnis 2:
Wir stellen fest, dass wir drei dieser Batterien brauchen um nach Sonnenuntergang unseren Bedarf von 6,1 kWh Strom zu decken.

Weiter geht die Suche nach den Speicherkosten „Cent/kWh" (es ist dabei nicht von Bedeutung ob wir drei Batterien mit entsprechend höherer, aufsummierter kWh-Zahl betrachten oder nur eine Batterie).

Eine zusätzliche Angabe, die wir dazu noch vom Hersteller brauchen, ist die Anzahl der möglichen Lade-Entlade-Vollzyklen. In unserem Fall sind das 3.200 (danach hat die Batterie laut Hersteller aber sogar immer noch eine Restkapazität von 80 %).

Wir rechnen also: 2,4 kWh * 3.200 = 7.680 kWh. Diese kWh-Anzahl können wir also mit der Beispiel-Batterie erreichen.

Zum Schluss nehmen wir jetzt den Herstellerpreis, teilen ihn durch die Anzahl der möglichen kWh und erhalten unser Endergebnis für die Speicherkosten: 1.309 Euro / 7.680 kWh = 0,1704 Euro/kWh oder 17,04 Cent/kWh.

Wir stellen wieder fest: Selbst wenn wir noch die Kosten für die Herstellung einer kWh-Photovoltaik-Strom von 1,77 Cent hinzurechnen, bleiben wir damit zu den lichtfreien Zeiten, abends und nachts, immer noch unter dem Strompreis der Energieversorgungsunternehmen. Tagsüber, wenn üblicherweise der meiste Strom verbraucht wird, wie wir gesehen haben, sowieso. Sind Sie jetzt überrascht?

Um unseren durchschnittlichen Strompreis zu erhalten führen wir die Stromkosten des Tagstromes und die des Batteriestromes der Nacht zusammen. Sagen wir, dass wir üblicherweise tagsüber 60 % des Stromes verbrauchen und abends/nachts 40 %, dann kommen wir im Ergebnis auf unseren durchschnittlichen Kilowattstundenpreis (errechnet mit den Tagstromkosten von Norddeutschland von 1,77 Cent/kWh):

(1,77 Cent/kWh * 60 %)+[(17,04 Cent/kWh + 1,77 Cent/kWh) * 40 %] = <u>8,59 Cent pro kWh! Also weniger als ein Drittel des aktuellen Haushaltsstrompreises von 27,3 Cent/kWh!</u>

Die Lawine an PV-Strom in Deutschland macht sich schon bereit loszubrechen. Mit diesem Konzept ist es in den nächsten zwei bis drei Jahren möglich! Denken Sie nicht auch?

Wenn Sie jetzt herausfinden wollen, wie viele Batterien und wie viele PV-Module Sie in etwa benötigen, beobachten Sie einmal bei sich, wie viele kWh Sie tagsüber und wie viele Sie nachts verbrauchen. Notieren Sie dazu über ein paar Tage hinweg den kWh-Stand auf Ihrem Stromzähler bei Sonnenaufgang und bei Sonnenuntergang. So erhalten Sie gute Durchschnittswerte.

Diese Rechnung können Sie dann mit Ihrem Service-Center Ihres Kreises noch einmal machen, bzw. Sie werden wieder die Möglichkeit haben, sich über deren Website vorab informieren zu können.

Warum Eigenstromverbrauch?

Warum wir Eigenstromerzeugung, eigene Speicherung und Eigenverbrauch als den besten Weg favorisieren können, haben wir in den vorigen Abschnitten erfahren, denn wir haben gesehen, um wie viel günstiger, im Vergleich zum aktuellen Strompreis der Energieversorgungsunternehmen, wir eigene Energie für unseren Verbrauch erzeugen können.

Mit unseren eigenen Photovoltaik-Modulen haben wir aber auch die Kontrolle über die Zukunft, denn wir haben auch den Strompreis der kommenden Jahre selbst in der Hand. Die meisten Prognosen deuten langfristig auf stetige Strompreissteigerungen aufgrund von Energierohstoffverteuerung und Inflation hin. Mit eigenem Sonnen-, Wind- und Batteriestrom fahren wir also viel besser und wir sind nicht mehr den leider oft intransparenten Preisanhebungen der vier großen Energiekonzerne ausgeliefert. Für unseren Eigenverbrauchsstrom zahlen wir, wenn wir über die KfW-Bank finanzieren, monatlich nur unsere selbstbestimmten kleinen Raten, die immer gleich niedrig bleiben, egal wie hoch der Strompreis der EVUs steigt.

Wir haben aber nicht nur die Kontrolle, wir können mit unserem Strom sogar noch Geld verdienen. Den überschüssigen, nicht selbst verbrauchten Strom können Sie nämlich innerhalb der Kreis-Gemeinschaft „tauschen" (falls jemand einmal mehr entnehmen muss als er produzieren konnte). Beispielsweise könnte Tagstrom zu 10 Cent/kWh und Nachtstrom zu 20 Cent/kWh getauscht werden.

Ein Vorschlag zum Ablauf: Damit der Stromtausch und das Vergüten dafür auch immer reibungslos funktionieren, bräuchten die Tauschstromteilnehmer ein einfaches Geldkonto beim Kreis, welches immer gedeckt sein soll und vom Teilnehmer zu Anfang mit einem Betragspolster von z. B. 100 Euro ausgestattet wird. Von diesem Konto erhalten die Tauschstromgeber dann 10 Cent pro kWh tagsüber und 20 Cent nachts. So müsste man im Bedarfsfall dann nicht auf das öffentliche Stromnetz mit den teureren Anbieterpreisen der Energieunternehmen zurückgreifen.

Sollte innerhalb der Kreisgemeinschaft einmal kein Tausch-Bedarf bestehen, geht der erzeugte Überschuss an die Strombörse, wo ebenfalls ein möglichst guter Preis erzielt werden soll. Eigenstromproduktion ist also auch eine sehr gute Finanzinvestition! Es wird dann sehr spannend sein, sich online über PC, Tablet oder Handy immer über die eigene Stromproduktion, den Verbrauch und den Verkaufserlös informieren zu können.

Mit der Eigenproduktion und dem Eigenverbrauch sparen Sie also nicht nur sehr viel im Vergleich zu den Preisen der Energieversorgungsunternehmen, die Stromkosten können für Sie sogar kostenlos sein, wenn Sie Überschüsse produzieren und diese verkaufen. Ja, Sie können Ihre Stromproduktion sogar zu einer Netto-Verdienstquelle machen. Statt Stromrechnungen erhalten Sie dann Geldüberweisungen. Klingt doch vorteilhaft, oder?

Vielleicht freut sich dann sogar auch schon bald jeder Jugendliche, wenn er/sie die erste eigene Wohnung hat und er/sie sich somit an den Stromkosten etwas dazu verdienen kann. Das gesparte oder hinzuverdiente Extra-Geld kann zumindest schön für kleine Reisen und für Ausgehen nach Feierabend ausgegeben werden.

Gleichermaßen wirtschaftlich ist unser Modell aus abgabenpolitischer Sicht, denn es geht in die gleiche Richtung wie der aktuelle Wunsch der Regierung nach einer erneuerbaren Energie-Lösung, die sich selbst finanziell trägt und keine Einspeisevergütung mehr benötigt. Wir kommen also weg von diesem großen Kostenpunkt und heiß diskutiertem Thema, sind aber froh, dass es die Einspeisevergütung gab, denn sie hat es uns ermöglicht, auf die hohe technische Entwicklungsstufe zu gelangen, auf der wir jetzt sind (weiter unten im Buch werden Sie später noch lesen, welche Möglichkeiten es gibt, die EEG-Umlagekosten abzutragen, auch wenn sie dann nicht mehr, wie jetzt noch quasi ausschließlich, von den Privathaushalten getragen werden).

Es sind aber nicht nur die rein wirtschaftlichen Argumente, die uns Lust machen vom zentralistisch, weit entfernt organisierten Stromhandel, zum Strom aus der eigenen Region zu kommen, welchen wir und unsere Nachbarn rund herum dann produzieren (dieses Modell ist zentralistisch nur noch in dem Sinn, dass der Kreis organisiert und unterstützt). Es ist auch einfach schön und fühlt sich gut an, ein High-Tech-Öko – wenn man so will – zu sein. Ich würde einmal behaupten, das ist genau auf der Höhe der Zeit.

Eigenverbrauch fördert also, wie gesagt, nicht nur unseren Geldbeutel, sondern auch unseren Stolz. Denn wir haben dann automatisch Vorbildcharakter gegenüber unseren Nachbarn hier und in der ganzen Welt.

Mit dem hier beschriebenen (Land-)Kreis-Steckplatz-Modell ist also nicht nur eine 100-Prozentige Versorgungsperspektive für alle Zeiten gesichert, wir beginnen auch damit, bei unserer Umwelt wieder „gutzumachen", was unsere bisherige Energieversorgung an Verletzungen und Schäden verursacht hat. Eigennutz und Nutzen für die Allgemeinheit wird hier somit auf beste Weise miteinander verbunden.

Warum ist die neue Idee der Steckplatz-Felder so vorteilhaft?

Der erste Vorteil ist bereits, dass wir uns bei der Bezeichnung „Steckplatz-Feld" sofort vorstellen können, wie das System funktioniert. Ein einfaches Prinzip, das leicht zu verstehen ist.

Der wichtigste Vorteil ist aber, dass die vom Kreis gestellte Infrastruktur der Steckplätze unseren Photovoltaik-Strom etwa um die Hälfte vergünstigt im Vergleich zu einer Installation auf dem Dach! Für unsere Anwendung benötigen wir nur die bloßen Photovoltaik-Module und sparen uns daher die Kosten für das Montagegestell, die Steuerungstechnik, den Solar-Installateur plus die Kosten für Wartung und Pflege (*„Der Preis der PV-Module ist für gut die Hälfte der Investitionskosten eines PV-Kraftwerks verantwortlich"* [Wirth 2013, S. 7], oder sogar für weniger, je nach dem ob der Installateur noch eine Marge auf die Module aufschlägt). Mit den Steckplatz-Feldern, gestellt durch den Kreis, wird also eine wichtige Voraussetzung für unseren günstigen Strompreis geschaffen.

Sehr vorteilhaft bei unserem Konzept der Steckplatz-Felder ist ebenso, dass man kein Hausbesitzer mit eigener, möglichst optimal ausgerichteter Dachfläche sein muss, um vom Strom aus Photovoltaik zu profitieren. Alle, sprich Mieter, Wohnungseigentümer und Hausbesitzer – und völlig irrelevant, ob sie in der Großstadt oder auf dem Land, in einer Souterrain-Wohnung oder im Hochhaus wohnen – können damit Eigenstrom für Haushalt, Heizung und E-Auto produzieren! Der Strom kommt vom Steckplatz zu ihrem Wohnungs- oder Hausstromzähler (wenn wir davon ausgehen, dass Elektro-Autos auch ihren individuellen Stromzähler haben, dann können diese auch den eigenen Steckplatz-Strom beziehen, egal wo im Kreisgebiet sie gerade parken).

Als weiteren positiven Aspekt ermöglicht das Steckplatz-Konzept insgesamt einen sehr einfachen Teilnahme-Ablauf, den wir uns so vorstellen können: Zuerst wählen die teilnehmenden Bürger die vom Preis-Leistungs-Verhältnis her besten Photovoltaik-Module und Batterien im Service-Center (nach eigenem Vergleichen und individueller Beratung) aus, dann werden die Module und die Akkus mit ein paar Handgriffen von den Elektrikern des Kreises auf den Montagegestellen des Steckplatz-Feldes montiert, anschließend werden sie dann noch mit einigen wenigen Klicks am Netz angemeldet. Fertig! Ab diesem Zeitpunkt können die Teilnehmer, ganz bequem auf ihrem Tablet-PC oder Handy grafisch verfolgen, wie ihre Photovoltaik-Module (und Windkraftanlagenanteile) erfolgreich Strom produzieren.

Kommen wir noch einmal zu der Formulierung „quasi kostenlos" aus dem fett gedruckten Text ganz zu Beginn des ersten Kapitels zurück. Anhand der Einschränkung „quasi" haben Sie vielleicht schon korrekt erahnt, dass der Kreis für seine Leistung in irgendeiner Form entlohnt werden sollte. Diese Gebühren brauchen aber nicht in Geld bezahlt zu werden, sondern praktikablerweise in einer anderen Währung – natürlich in Kilowattstunden. Und auch hier gibt es eine positive Überraschung. Die Gebühren von 10 kWh pro kW-Peak an installierten Modulen, die der Kreis für seine Leistung zu Recht erheben soll, werden für die Teilnehmer wieder mehr als kompensiert, und zwar durch die Technik der Sonnennachführung, mit der alle Steckplätze ausgerüstet sein werden. Die PV-Module sind mit dieser Technik zweiachsig beweglich und folgen somit optimal dem Lauf der Sonne. Diese Technik, die auf dem Hausdach sehr teuer wäre, erhöht, wie bereits erwähnt, den Stromertrag um bis zu 30 %. Die 10 kWh/kW-Peak Gebühren machen im Vergleich zum produzierten Strom dagegen weniger als 10 % des Ertrages aus. Dank der Möglichkeiten des Kreises und dank der Sonnennachführung erzeugen wir somit ca. 20 % netto mehr. Hinzu kommt, dass Kreismitarbeiter im Winter und bei Schneefall die Module täglich mit einem Schneegebläse von Schneeschichten befreien, damit die Stromproduktion immer mit maximaler Kapazität erfolgen kann. Ein schöner Luxus, den der Dachanlagen-Betreiber leider meist nicht hat.

Ein Vorteil von Steckplatz-Feldern im Bezug auf die Sichtbarkeit in der Landschaft ist, dass um sie herum Büsche gepflanzt werden können und auf diese Weise ein großes Photovoltaik-

Feld auf einer Ebene gar nicht weiter auffallen muss. Oder, man belässt die Sicht auf die Photovoltaik-Module, ähnlich wie bei Feldern mit Gewächshäusern und erfreut sich sogar an dem Blick auf die umweltfreundliche Energieproduktion. Ganz wie von der jeweiligen Kreisgemeinschaft gewünscht.

Warum ist der (Land-)Kreis prädestiniert, eine zentrale Rolle zu spielen?

Die 402 Kreise in Deutschland, das sind 295 Landkreise und 107 kreisfreie Städte, als Organisatoren der Bürger-Photovoltaik-Steckplätze machen sehr viel Sinn. Sie sind sowohl zentraler Verwaltungspunkt, also verlängerter Arm des Staates, als auch Gemeinschaftsverbund der Menschen auf lokal-regionaler Ebene, mit dem sich die Bürger identifizieren und verbunden fühlen.

Mit unserem Konzept wird aller Wahrscheinlichkeit nach sogar eine noch stärkere Identifikation geschaffen, wenn es dann heißt: *„Ihr Kreis bietet Ihnen ab jetzt die Möglichkeit, dass Sie sich mit Ihrem eigenen, günstigeren Strom versorgen können."*

Die Kreise mit ihren Kreisstädten sind einerseits groß genug, um eine entsprechende Infrastruktur anbieten zu können und zu verwalten, andererseits sind sie aber nicht zu groß und schon gar nicht weit entfernt, sondern im wahrsten Sinne des Wortes „Bürger-nah". Sie können Kompetenz zentral bündeln, also wirtschaftlich rentabler agieren als dies die einzelnen Gemeinden tun könnten (falls jene PV-Steckplatz-Felder anbieten würden). Und, sie haben durch ihre Stadtwerke bereits Erfahrung mit der regionalen und lokalen Energielieferung.

Die eigene Photovoltaik-Anlage, betreut vom Kreis, ist folglich eine Mischung im weiteren Sinne aus „zentraler" und „dezentraler" Energieversorgung, und spricht somit das Sicherheitsgefühl beider „Empfindungsrichtungen" der Bürger an: einerseits die Bürger, die sich noch nicht so recht vorstellen können, wie sie sich mit einer eigenen Anlage selbst mit Strom beliefern könnten, einfach aus der Gewohnheit der zentralistischen Energieversorgung der letzten Jahrzehnte heraus, und andererseits diejenigen Bürger, die sich mit eigenen Photovoltaik-Modulen sicher und wohl fühlen, da sie endlich günstigen, sauberen und gleichermaßen versorgungssicheren Strom zum Eigenverbrauch selbst produzieren können. Der Kreis kümmert sich um alle technischen Aspekte, überwacht die Anlagen und behebt alle eventuellen Störungen direkt. Der Bürger kann somit immer ein gut betreutes und sicheres Gefühl haben.

Da alle Einwohner Deutschlands in einem bestimmten Kreisgebiet leben, fühlen sich auch, mit hoher Wahrscheinlichkeit, alle Bürger angesprochen, wenn die Landkreise und kreisfreien Städte unser Konzept für uns Einwohner anbieten und umsetzen. Mit dem Wissen, dass die PV-Felder mit der Kompetenz der Kreise professionell gemanagt werden, erhöht sich meiner Meinung nach auch die Motivation der Bürger zur tatsächlichen und tatkräftigen Teilnahme. Durch den Vertrauensbonus, den die Kreisverwaltung hat, werden die Menschen in Folge noch mehr in die saubere Photovoltaik-Energie investieren, als sie es bisher bei Dachanlagen oder Bürgersolaranlagen verschiedener Vereinsträger oder Genossenschaften bereits getan haben.

Exkurs: „Energiegenossenschaften und Bürgersolaranlagen"

An dieser Stelle ein kleiner Exkurs zu Energiegenossenschaften und Bürgersolaranlagen wie sie bereits existieren und inwiefern unser Konzept sich davon unterscheidet.

Die Beteiligung der Bürger an der Energiewirtschaft und das gemeinschaftliche Interesse an dem Thema der Energiewende ist in den letzten Monaten und Jahren stark gestiegen. Ein Indikator dafür ist die aktuelle Zahl der sich stetig vermehrenden Energiegenossenschaften: *„Insgesamt gibt es bundesweit bereits mehr als 600 Energiegenossenschaften, über 80.000 Bürger sind in Energiegenossenschaften engagiert."* (Agentur für Erneuerbare Energien 2012b).

Bei Energiegenossenschaften beteiligen sich Bürger an erneuerbaren Energie-Projekten vornehmlich auf kommunaler Ebene. Dies geschieht meist in Form einer Finanzinvestition. Im Gegenzug zu dieser Finanzinvestition erhält das Genossenschaftsmitglied einen Anteil an den Erlösen des Projektes.

Eine mögliche Projektausgestaltung ist die Bürgersolaranlage. Bisherige Bürgersolaranlagen haben als Motivation der Beteiligungsgemeinschaft für gewöhnlich das Produzieren von Grünstrom und/oder eine Kapitalanlage zu tätigen, mit einer durch das EEG auf 20 Jahre garantierten Einspeisevergütung, was je nach Anteilskosten, Verwaltungskosten und Sonneneinstrahlung eine Rendite der Finanzinvestition in Höhe von 5-8 % in der Regel erwirtschaftet.

Die existierenden Bürgersolaranlagen sind folglich ebenfalls Motoren für die Gewinnung von grüner Energie und funktionieren ebenso auf Basis gemeinschaftlichen Interesses und der Mobilisierung für die Umwelt. Damit waren sie bisher eine wichtige Kraft, um das Bewusstsein für Photovoltaik zu fördern und auf breiter Basis zur Anwendung zu bringen – und sehr wichtig, um dahin zukommen, wo wir heute sind.

Worin nun die Vorteile der neuen Idee der Bürger-Steckplatz-Anlagen im Vergleich zur bisherigen Form der Bürgersolaranlage liegen, verdeutlichen die folgenden Punkte:

- Die neue Idee funktioniert ohne Einspeisevergütung und somit kann ein weiteres Anwachsen der EEG-Umlage (was wieder in irgendeiner Form abgetragen werden müsste) ausbleiben.

- Sie basiert auf Eigenverbrauch bei einem Preis von 8,59 Cent/kWh (wie oben errechnet) und bringt somit im Vergleich zum 27,3 Cent/kWh-Haushaltsstrompreis der Energiekonzerne eine Ersparnis von 68,5 % bei unserer Jahresstromrechnung. Folglich haben wir in diesem Bezug eine noch bessere Finanzinvestition!

- Darüber hinaus können wir unseren PV-Ertrag flexibel durch Hinzufügen von weiteren PV-Modulen jederzeit und einfach erhöhen.

- Durch das Management der Kreise brauchen sich einzelne Teilnehmer nicht mehr, wie bei bisherigen Bürgersolaranlagen, um die Organisation und Verwaltung der Anlage kümmern, was mit hohem Zeit- und Arbeitsaufwand für manche Teilnehmer verbunden sein konnte. Mit dem neuen Konzept können sich die engagierten Bürger dann auch wieder anderen (ehrenamtlichen) Tätigkeiten widmen.

Die soeben aufgeführten Punkte lassen den Fortschritt gegenüber den bisherigen Bürgersolaranlagen erkennen. An dieser Stelle soll nur erwähnt sein, dass es natürlich möglich ist, die existierenden Bürgersolaranlagen in die neuen Steckplatz-Anlagen zu integrieren. Dazu später mehr.

Weitere Vorteile des Kreises als Organisator und Betreuer der Photovoltaik-Felder:

Alle Kreise Deutschlands zusammen können und sollen im Verbund, als ein einziger Kunde, bei den Herstellern von PV-Modulen, Batterien, Steuerungsgeräten und Montagegestellen auftreten. Somit wird extrem viel Kaufkraft gebündelt. Der Einkaufsrabatt ist dadurch größtmöglich, was ein enormer Kostenvorteil bedeutet, welcher dann auch eins-zu-eins an die Bürger weitergegeben werden soll.

Natürlich kann aber jeder Kreis auch individuell z. B. Montagegestelle einkaufen, wenn er etwa die Industrie in der eigenen Region unterstützen will. Die Kosten-Nutzen-Entscheidung kann hier beim jeweiligen Kreis bleiben solange die bundesweit gleichen Qualitätsstandards der Hersteller eingehalten werden. Eine Stärkung der lokalen Wirtschaftsregion und die Motivation zur Innovation kann hierdurch erreicht werden. Je nach Produktgüte der Erzeugnisse und der entsprechenden Nachfrage, könnte dann auch ein neuer nationaler oder eventuell internationaler Industriezweig im betreffenden Kreis geschaffen werden.

Für die Kreise als jeweilige Errichtungsorte der Steckplätze spricht auch die gleichmäßige räumliche Verteilung der Energieproduktionsorte, die dadurch erreicht wird. Denn, wenn jeder Kreis im Bundesgebiet über ein Photovoltaik-Steckplatz-Feld mit Windkraftanlagen verfügt, sind diese geographisch betrachtet so gut über das ganze Land verteilt, dass keine Langstreckenstromtrassen mehr in Deutschland notwendig wären. Der Süden bräuchte dann beispielsweise keine Offshore-Windenergie mehr aus der Nordsee. Es könnten Milliardensummen für die aktuell geplanten und nicht mehr gebrauchten Stromtrassen eingespart werden. Milliardensummen, welche dann im Portemonnaie der Bürger verbleiben könnten. Einige bereits existierende Stromtrassen könnten sogar zurückgebaut werden. Die betroffenen Kreise und insbesondere die Anwohner dieser Hochspannungsleitungen wären damit entlastet und sicherlich zutiefst dankbar.

Eine Herausforderung ist natürlich der Flächenbedarf. Hat einmal eine Kreisstadt selbst nicht genügend Fläche für eines oder mehrere Steckplatz-Felder, stellen die umliegenden Gemeinden diese sicherlich zur Verfügung, da auch ihre Bürger von der sauberen Luft und den günstigen Strompreisen im Kreis zukünftig profitieren werden.

Auch wenn die Kreise die lokal verantwortlichen Organisatoren sind, so werden sie natürlich unterstützt durch bundesweit einheitliche Verwaltungsnormen und Hilfsmittel. In der Verwaltung entlastet werden die Kreise beispielsweise dadurch, dass die Tauschmöglichkeit von Strom zwischen den Teilnehmern automatisch durch spezielle Software geregelt wird. Die Durchleitung des überschüssigen Stroms an die überregionale Genossenschaft zum eventuellen Weiterverkauf an der Strombörse geschieht ebenfalls automatisch. Die Kreise benötigen hierfür folglich kein Extra-Personal.

Die Verwaltungsgebühr in „Form von Strom", die der Kreis erheben kann, von z. B. 10 kWh/kW-Peak pro Teilnehmer und Monat, kann die Kreisstadt für ihren eigenen Stromverbrauch einsetzen und an die anderen Kreisgemeinden verkaufen. Sollte noch etwas übrig bleiben, kann der Kreis ebenfalls als (land-)kreisinterner Tauschteilnehmer auftreten oder aber diesen Strom an der Börse verkaufen. Beim Tauschen des Stromes hat der Kreis Vorrang vor den Haushalten, d.h. er kommt beim Liefern von Tauschstrom zuerst zum Zug, um sicherzustellen, dass dessen anfallende Kosten auch immer gedeckt werden. Der Kreis unterstützt auf diese Weise seine Steckplatz-Teilnehmer und die Teilnehmer wiederum unterstützen den Kreis, kurz gesagt: man ergänzt sich in Form einer echten Symbiose.

Warum finanzieren?

Falls Sie gerade erspartes Kapital zur Hand haben, können Sie dieses mit hervorragendem „Gewinn durch Ersparnis" anlegen, wenn Sie es in Ihre eigenen Photovoltaik-Module investieren und sich etwa 30 Jahre lang und länger dadurch mit Strom versorgen. Haben Sie das Kapital für alle PV-Module und Batterien, die Sie wollen oder benötigen, gerade nicht zur Hand, stellt eine Finanzierung eine genauso gute Entscheidung dar. Denn Sie bezahlen nur 0,5-1 % Zinsen an den Kreditgeber – die deutsche KfW-Förderbank.

Dass PV-Module für den Eigenstromverbrauch sehr viel günstiger sind als der Strompreis der fremden Stromanbieter, haben wir nun erfahren. Wie „wenig" genau Sie monatlich tatsächlich noch bezahlen, hängt von der Ratenhöhe ab, die Sie selbst bestimmen. „Spare ich mir die Hälfte oder sogar zwei Drittel meines bisherigen monatlichen Strompreises?" – das ist hier die Frage. Da Photovoltaik-Module eine Lebenszeit von über 30 Jahren haben, kann man die Zahlungen beliebig auf diesen Zeitraum verteilen, oder die Summe auch jederzeit ablösen (natürlich ohne Gebühren). Legen Sie also Ihren monatlichen Strompreis mit diesem Konzept selbst fest!

Warum überregionale Genossenschaften zum Verkauf und zur Zwischenspeicherung des Steckplatz-Stromes?

Damit wir als Privaterzeuger einen guten Preis an der Strombörse erzielen, ist es wichtig, dass die Interessen vieler Steckplatz-Teilnehmer gebündelt werden. Eine überregionale Vertretung oder Genossenschaft, z. B. auf Bundeslandebene, kann dies erreichen, denn sie hätte durch ihre natürliche Größe ein entsprechendes Gewicht an der Strombörse. Eine solche Genossenschaft soll verpflichteterweise besonders transparent arbeiten, also Geschäftsabläufe und Zahlen immer aktuell im Internet veröffentlichen. Ebenso soll eine Null-Lobbyismus-Toleranz herrschen, was von Wirtschaftsprüfern regelmäßig bestätigt werden soll.

Durch ihre Größe ist eine solche Interessenvereinigung auch prädestiniert, die so wichtige großvolumige Zwischenspeicherung des am Tag produzierten Stromes für den Nacht-Verkauf zu managen. Diese Zwischenspeicherung in deutschen oder internationalen Pumpspeicherkraftwerken für die Abend- und Nachtstunden ist elementar um das Stromangebot der Steckplatz-Felder zu verstetigen und somit den <u>Photovoltaik-Strom zu einem Grundlaststrom zu machen.</u> Die Kosten für die Zwischenspeicherung für nachts soll auch am Tag eingepreist werden damit der Nachtstrom nicht zu teuer sein muss (also den durchschnittlichen Börsenstrompreis nicht übersteigt) und der Tagstrom nicht zu billig wird (im Extremfall also nicht gegen Null tendiert).

Die langfristigere Speicherung für die „Winteransparung", die ebenfalls von den Genossenschaften gemanagt wird, erfolgt am besten über Power-To-Gas-Kraftwerke (an denen sich die Bürger auch finanziell beteiligen können sollen) sowie über das deutsche Gasnetz.

Exkurs: „Stromspeicher"

Was die großvolumige Stromspeicherung anbelangt, so sind aktuell zwei Typen bzw. Technologien praktikabel. Zum einen die bewährten Pumpspeicherkraftwerke und zum anderen die aufkommende Power-To-Gas-Technologie.

Verfügbare Pumpspeicherkapazität: *„Die aktuell installierte Pumpspeicher-Kapazität im deutschen Stromnetz liegt bei knapp 38 GWh, die Nennleistung bei ca. 6,4 GW, der durchschnittliche Wirkungsgrad um 70 %, ohne elektrische Zu-/Ableitungsverluste"* (Wirth 2013, S. 56). Angenommen ein Drei-Personen-Haushalt benötigt im Mittel nachts etwa 3,5 kWh, so könnten mit den 38 GWh fast 11 Mio. dieser Haushalte die ganze Nacht versorgt werden. Zusätzlich können auch Pumpspeicherkraftwerke aus den Nachbarländern mit einer teilweise noch größeren Speicherkapazität angezapft werden, wie z. B. Österreich (Pumpspeicherkraftwerks-Nennleistung ca. 3,8 GW, Speicherwasserkraftwerks-Nennleistung 3,7 GW), Schweiz (Pumpspeicherkraftwerks-Nennleistung ca. 1,8 GW, Speicherwasserkraftwerks-Nennleistung 8,1 GW) und Frankreich („Wasserkraftleistung" ca. 25 GW). Vom Norden Deutschlands aus können z. B. Norwegen (Pumpspeicherkraftwerks-Nennleistung ca. 1,3 GW, Speicherwasserkraftwerks-Nennleistung 23,4 GW) und Schweden (Pumpspeicherkraftwerks-Nennleistung ca. 0,1 GW, Speicherwasserkraftwerks-Nennleistung 10,8 GW) mit ihren riesigen Fjorden angeschlossen werden (Wirth 2013, S. 53).

Ein interessantes Konzept für die Erschließung neuer Pumpspeicherkapazitäten in Deutschland ist das Speichern von Wasser innerhalb der Türme von Windkraftanlagen. Ein Pilotprojekt mit vier Türmen und einer Pumpspeicherkapazität von 70 MWh (Nennleistung 12 MW) wird derzeit von der Stadt Gaildorf in Baden-Württemberg geplant (Stadtverwaltung Gaildorf 2013).

Power-To-Gas-Kapazität: Die Power-to-Gas-Technologie ermöglicht, wie der Name bereits sagt, das Wandeln von Strom in Gas (Wasserstoff oder Methan). Dies geschieht durch Elektrolyse. Durch die Existenz des deutschen Gasnetzes, welches ein enormes Speichervolumen darstellt, ist diese Stromspeichermethode eine in unserem Land im großen Maßstab praktikable und dadurch attraktive Speichermöglichkeit. Das Gas kann über das Gasnetz transportiert werden oder eben auch gespeichert, und zu jeder Zeit wieder zu Strom zurückverwandelt werden.

Die Wirkungsgrade bei der Wandlung von Strom-zu-Gas sind derzeit maximal 77 %, bei der Wandlung Strom-zu-Gas-zu-Strom liegen sie aktuell bei maximal 44 % (Sterner et al. 2012, S. 16).

Das Fraunhofer-Institut schätzt die Methode als sehr vorteilhaft ein: *"Das Speicherreservoir des sich durch Deutschland erstreckenden Erdgasnetzes ist groß: Es beträgt über 200 Terawattstunden – der Verbrauch von mehreren Monaten."* (Fraunhofer-Gesellschaft 2010).

Wir können uns also mit den beiden beschriebenen Speichertechnologien und mit unserem Photovoltaik-Strom, den wir mit Windstrom ergänzen, komplett mit aller Energie versorgen, die wir benötigen. Die alte, konventionelle Kraftwerkslandschaft muss jetzt aber nicht völlig ungenutzt bleiben. Durch Umrüstung der bestehenden Kraftwerke auf Power-To-Gas kann ein guter Teil der nützlichen Infrastruktur erhalten bleiben.

Strategie für den Winter

Es ist unbestritten, dass wir in unserem Land einen großen Wetterunterschied zwischen Sommer und Winter haben. Während die Sonneneinstrahlung in Deutschland vom Frühling bis zum Herbstanfang erfreulich hoch ist, sowohl im Süden als auch im Norden, und wir mit vergleichbar wenigen Photovoltaik-Modulen unseren kompletten Haushalt samt E-Auto versorgen können, ist die Sonneneinstrahlungsmenge vor allem im Hochwinter, mit seinen kurzen und häufig wolkigen Tagen, leider relativ klein.

Zur Veranschaulichung hier die vom Deutschen Wetterdienst über drei Jahrzehnte gemittelten Sonneneinstrahlungswerte der Bundesrepublik.

Flächendeckende mittlere Monatssummen (1981 – 2010) in kWh/m²:

	Maximal (eher Süd- und Nordostdeutschland)	Mittel	Minimal (eher Mittelgebirge und Nordwestdeutschland)
Januar	50	23	15
Februar	77	40	30
März	115	75	66
April	127	117	107
Mai	168	153	139
Juni	175	159	143
Juli	180	161	145
August	153	137	124
September	107	91	80
Oktober	76	56	46
November	45	25	19
Dezember	38	17	11

(Daten: Deutscher Wetterdienst 2012)

Sie werden feststellen, dass in den sonnenreicheren Gebieten Deutschlands (Spalte „Maximal") der höchste Wert im Juli mit 180 kWh/m² das 4,7-fache des Wertes vom Dezember mit 38 kWh/m² ist. In den sonnenärmeren Gebieten (Spalte „Minimal") ist das Verhältnis noch größer.

Zur Veranschaulichung hier noch einmal die obigen Zahlen als Kurvendiagramm.

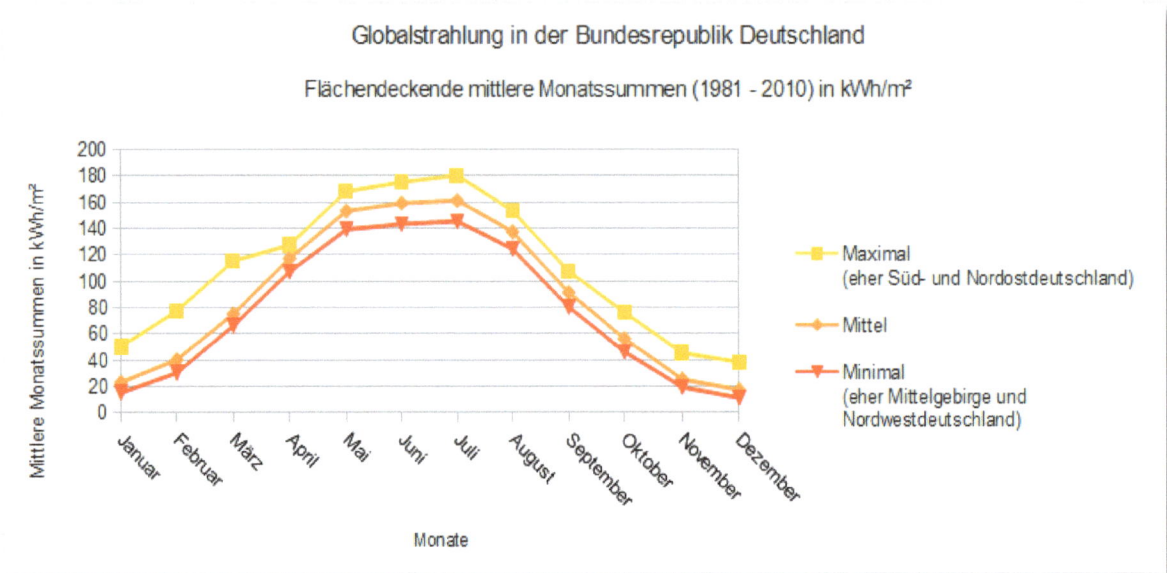

Globalstrahlung in der Bundesrepublik Deutschland

Flächendeckende mittlere Monatssummen (1981 - 2010) in kWh/m²

(Abbildung: eigene Darstellung; Daten: Deutscher Wetterdienst 2012)

Betrachten wir für den Praxisbezug einen Drei-Personen-Musterhaushalt, dem wir in diesem Buch noch häufiger begegnen werden. Nehmen wir an, dieser Haushalt deckt wirklich alles, inklusive Heizung und E-Auto mit seinem selbst produzierten Strom, und veranschlagen wir folgende, wie wir später sehen werden, realistischen Werte:

Strom für Licht, Haushaltsgeräte, etc.	10 kWh pro Tag
Raumwärme (5 Monate: November bis März)	33 kWh für einen Wintertag
Wassererwärmung	5 kWh pro Tag
E-Auto	8 kWh pro Tag

Der Gesamtstrombedarf an einem Dezembertag (inklusive Raumwärme) beläuft sich somit auf 56 kWh. Hierfür würden wir eine riesige Photovoltaik-Modulmenge von 99,5 kW-Peak benötigen, falls wir diese Strommenge rein mit Photovoltaik am selben Dezembertag produzieren wollten (es werden die durchschnittlichen Sonneneinstrahlungsbedingungen aus der obigen Tabellenspalte „Mittel" zugrunde gelegt).

Der Strombedarf an einem Julitag, an dem logischerweise auch nicht geheizt wird, beläuft sich dagegen auf 23 kWh. Für diese kWh-Anzahl wäre, auch durch die besseren Einstrahlungsbedingungen im Sommer, nur eine Modulmenge von 4,16 kW-Peak nötig. Dies ist eine erfreulich geringe Zahl (Nur zum Vergleich: Bei einem gleich hohen Verbrauch wie an einem Wintertag, also bei 56 kWh, benötigte der Haushalt im Juli eine Modulmenge von ebenfalls nur geringen 10,14 kW-Peak).

Der Unterschied zu dem Extremwert von 99,5 kW-Peak an PV-Modulen ist enorm und es wird deutlich, dass es eher Sinn macht, uns beispielsweise für die Monate März bis

September mit ausreichend Photovoltaik-Paneelen auszustatten und für die restlichen Monate von einer zusätzlichen Energiequelle zu profitieren. Aber dazu kommen wir weiter unten.

Zuerst noch die Rechnung der notwendigen Modulkapazität für unseren Drei-Personen-Musterhaushalt, wenn er sich bereits ab März bei einer Sonneneinstrahlung von 75 kWh/m²/Monat (also bei 2,42 kWh/m²/Tag) tagtäglich voll aus Sonnenkraft versorgen möchte (gerechnet für den höheren Bedarf von 56 kWh):

56 kWh / [2,42 kWh/m² * (900 kWh / 1.100 kWh/m² „Stromgewinnungsverhältnis Norddeutschland") + 30 % Mehrertrag durch Sonnennachführung] = eine immer noch vertretbare Menge an PV-Modulen, nämlich 21,76 kW-Peak.

Mit dieser Modulmenge produziert der Drei-Personen-Musterhaushalt natürlich in den Sommermonaten deutlich mehr Strom als tatsächlich benötigt wird. Anstatt den Strom aber direkt zu verkaufen, und jetzt kommt ein Pfeiler der Strategie für den Winter, soll der Steckplatz-Teilnehmer den Strom auch für den Winter ansparen können – und zwar mit Hilfe der Power-To-Gas-Methode.

Da der Wirkungsgrad von der Wandlung Strom-zu-Gas-zu-Strom derzeit 44 % beträgt, müsste etwas mehr als das Doppelte der im Winter fehlenden Kilowattstunden im Sommer angespart werden. Für unseren Musterhalt stellt dies mit unserer gewählten PV-Modulmenge jedoch kein Problem dar. Er produziert mehr als er für den Winter ansparen muss und kann den Rest (nach Begleichung der Steckplatz-Gebühren von 120 kWh/kW-Peak und Jahr) gewinnbringend veräußern.

In der folgenden Tabelle sehen Sie die Mengen an erzeugten Kilowattstunden. Sie werden feststellen, wie viel mehr Energie als benötigt jeweils an einem Sommertag, bzw. in einem Sommermonat produziert wird:

	Sonnen-einstrahlung (Spalte „Mittel") in kWh/m² pro Monat	Stromproduktion pro Tag mit Modulmenge von 21,76 kW-Peak (Angaben in kWh)	Verbrauch pro Tag (kWh)	Übriger Strom, bzw. fehlender Strom (bei „-") pro Tag (kWh)	Übriger Strom, bzw. fehlender Strom pro Monat (kWh)
Januar	23	17,17	56	-38,83	-1203,63
Februar	40	31,93	56	-24,07	-698,13
März	75	56	56	0	0
April	117	90,27	23	67,27	2018,16
Mai	153	114,24	23	91,24	2828,44
Juni	159	122,68	23	99,68	2990,32
Juli	161	120,21	23	97,21	3013,61
August	137	102,29	23	79,29	2458,09
September	91	70,21	23	47,21	1416,35
Oktober	56	41,81	23	18,81	583,21
November	25	19,29	56	-36,71	-1101,33
Dezember	17	12,69	56	-43,31	-1342,51

(Daten: eigene Berechnung; Deutscher Wetterdienst 2012)

Logischerweise können übrige Kilowattstunden, falls der Haushalt zum Beispiel eine Gasheizung oder einen Gasherd verwendet, auch ohne die Rückwandlung zu Strom nur in Gas angespart werden.

Organisatorisch kann das Ansparen so funktionieren, dass die Teilnehmer ein „Kilowattstunden- oder Gasspeicherkonto" bei ihrer überregionalen Genossenschaft haben und die Genossenschaft die „Sparkonten" für eine geringe Gebühr (wieder in Form von Kilowattstunden) verwaltet.

Das Ansparen funktioniert natürlich erst, wenn ausreichend Power-To-Gas-Kraftwerke errichtet sind. Bis es soweit ist, zur Überbrückung der Bauphase der neuen Kraftwerke und zur Entlastung des Gasnetzes und unserer Nachtspeicherakkus, brauchen wir am besten noch, wie bereits erwähnt, eine ergänzende Energiequelle. Eine Quelle die überall in Deutschland verfügbar und anwendbar ist, und vor allem gerade dann verstärkt Energie liefert wenn die Sonne einmal weniger scheint. Aus Erfahrung wissen wir bereits um die häufige Korrelation zwischen „wenig Sonne gleich mehr Wind". Mit der Windkraft als ergänzende Energieform in unserem Konzept können wir den Nachteil des „schlechteren" Herbst- und Winterwetters wettmachen bzw. diesen sogar nutzen. In der folgenden Abbildung zur monatlichen Windstromproduktion im Jahr 2012 wird noch einmal verdeutlicht wann Windkraft vermehrt zur Verfügung steht.

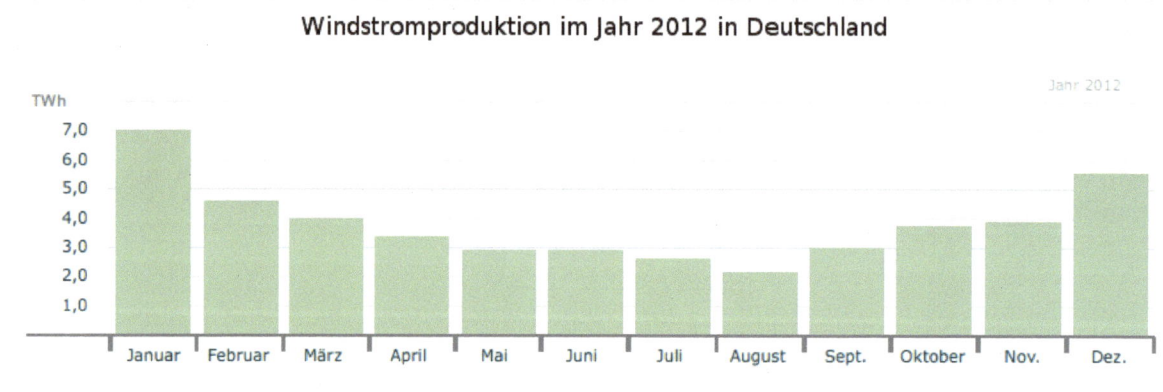

(Abbildung: Burger 2013, S. 14)

Wir erkennen, dass Windkraft uns im Winter – aber auch nachts – mit ebenfalls billigem Strom versorgen kann. Zwar nicht zu 1,77 Cent/kWh aber dafür, wie bereits erwähnt, zu 8,1 Cent/kWh. Wenn der Wind nachts weht, sind diese 8,1 Cent natürlich auch günstiger als unser in Batterien zwischengespeicherter Photovoltaik-Strom, welchen wir dann nicht aufbrauchen müssten.

Was die Organisation anbelangt, so kann dies so von statten gehen: Der Kreis errichtet ein Windrad, sobald er eine kritische Masse an Anteils-Interessenten hat, z. B. für 30 % der Anteile. Die Interessenten kaufen die Anteile an der Windkraftanlage dann vom Kreis und je nach Menge erhalten die Eigner dann den entsprechenden Prozentsatz der Energieausbeute. Die restlichen Anteile vergibt der Kreis dann nach und nach und nutzt in der Zwischenzeit den produzierten Strom selbst. Wenn alle Anteile eines Windrads vergeben sind, kann wieder ein weiteres aufgestellt werden, sobald die Mindestanzahl an Interessenten erneut erreicht ist.

Die Windräder könnten dann wiederum gleichzeitig als Pumpspeicher genutzt werden, wodurch die Rentabilität eines Windturmes weiter gesteigert werden könnte, besonders wenn man den Stromtausch nachts für 20 Cent/kWh im Blick hat.

Von der relativen Menge an Windkraftanlagen im Land wird es dann aller Wahrscheinlichkeit so sein, dass sie im Norden mehr nachgefragt werden, um die geringere Sonnenstrahlung dort etwas auszugleichen.

Was die Beliebtheit bzw. Vorbehalte gegenüber den Windkraftanlagen anbelangt, kann angenommen werden, dass, wenn den Menschen ein Windrad gehört, sie auch eher akzeptieren, dass man es von weitem sieht. Eventuell werden sie dann sogar stolz darauf sein und gerne darauf zeigen.

Die Anwendung von Windkraft würde an anderer Stelle vorteilhafterweise im Gegenzug dafür auch den Flächenbedarf für die Photovoltaik-Felder der Bürger verringern.

Das können wir hinter uns lassen – zumindest fast

Auf dem Weg zu einem „besseren" Strom können wir gleichzeitig alle unsauberen Energiequellen hinter uns lassen – beinahe, denn die Hinterlassenschaften einiger Energieformen der letzten Jahrzehnte werden uns noch weit in der Zukunft beschäftigen.

Da sind auf der einen Seite die CO_2-verursachenden Brennstoffe wie Heizöl, Benzin, Steinkohle und Braunkohle, die mit einem sehr geringen Wirkungsgrad einfach verbrannt wurden und noch werden. Den Planeten von diesem belastenden Erbe der genannten Brennstoffe wieder zu säubern, dazu haben wir gerade noch die Chance und können dies in einer überschaubaren Anzahl an zukünftigen Generationen eventuell schaffen. Dennoch, aktuell verschmutzen diese Energiequellen immer noch unsere Atemluft und heizen das Klima weiter an, ohne dass eine echte Trendwende bisher eingeleitet wurde.

Dann wäre da noch die Atomenergie. Die Gedanken an Betriebsstörfälle oder durch Erdbeben verursachte Unfälle und die dann eintretende Verstrahlung und Verseuchung durch ein Atomkraftwerk, ob es sich jetzt in der Nachbarschaft oder hunderte Kilometer entfernt befindet, lassen sich oft verdrängen, bzw. man hofft einfach ständig, dass nichts passieren wird. Was aber leider dauernd passiert, ist der „kontrollierte Störfall" – sprich der anfallende Atommüll! Dieser strahlt, wie wir alle wissen, mehrere hunderttausend Jahre, wenn er hochradioaktiv ist.

Neben den sich ständig vermehrenden gesundheitlichen Risiken der konventionellen Energieträger mag man gar nicht von zudem entstehenden finanziellen Kosten sprechen, aber diese sind natürlich ebenso vorhanden. Es sind Kosten, die nicht im aktuellen Strompreis enthalten sind, aber trotzdem von der Gesellschaft getragen werden müssen, die sogenannten Gesellschafts- oder Ewigkeitskosten. Denken Sie nicht auch, dass, wenn diese Kosten von den Atomkonzernen getragen werden müssten, sie schon vor vielen Jahren von selbst aus der Atomenergie ausgestiegen wären?

Für jede kWh Atomstrom zahlt die Gesellschaft, laut einer Studie im Auftrag der Greenpeace Energy eG und des Bundesverbandes WindEnergie e.V. (BWE), noch einmal auf den durchschnittlichen Haushaltsstrompreis von 27,3 Cent/kWh zwischen 36,8 Cent/kWh und 11 Cent/kWh in Form von nicht zweckgebundenen Steuern oder Versicherungsbeiträgen – je nach dem ob ein größerer Störfall wie in Japan auftritt oder nicht. Bei Strom aus Steinkohle sind es 9,4 Cent/kWh zusätzlich, bei Braunkohle 10,2 Cent/kWh und bei Erdgas 3,6 Cent/kWh Zusatzkosten auf den Strompreis (Küchler/Meyer/Blanck 2012, S. 11). Wenn also Energieformen die Kritik „eher nicht bezahlbar zu sein" verdienen, so sind es die konventionellen Energien.

Der Zug der konventionellen Energieformen, der noch in voller Fahrt ist, muss schnell gestoppt werden. Jährlich fallen in Deutschland etwa 450 Tonnen radioaktiver Atommüll an. Weltweit sind es im Jahr ca. 12.000 Tonnen (World Nuclear Association 2012). Bei CO_2 sind es in der Bundesrepublik pro Jahr 803 Millionen Tonnen, insgesamt auf der Welt sind es im gleichen Zeitraum 34 Milliarden Tonnen (Bundesministerium für Wirtschaft und Technologie 2013, S. 12). Jedes Jahr, das wir es früher schaffen umzusteigen, sparen wir diese Mengen ein und verhindern dadurch ein ständiges Mehr an Gesundheitsbelastungen und Naturkatastrophen. Tun wir das also für uns, für unsere Gesundheit und für die unserer Kinder!

Schützen wir unser Trinkwasser und unsere Luft! Beobachten wir gespannt, ob wir es dadurch schaffen, sowohl aufgetretene Atemwegserkrankungen als auch die Krebsrate wieder zu verringern! Mit Photovoltaik-Steckplatz-Feldern überall auf der Welt, in jedem Regionalbezirk, könnten wir es schaffen.

Zwischenfazit

Mit den Photovoltaik-Steckplätzen ist Strom also wieder bezahlbar und wir können damit unsere Gesundheit schützen! Die Technik ist bereits verfügbar und sie ist günstig genug. Der Wille der Menschen nach sauberer kostensparender Energie ist ebenfalls da. Die Kreisstädte mit ihrer Kompetenz und ihren Flächen sind vorhanden und die KfW-Bank fördert bereits erneuerbare Energieprojekte seit mehreren Jahren.

Wir wissen jetzt auch, wie viele Photovoltaik-Module jeder für seinen Stromverbrauch benötigt, selbst für den Fall, dass jemand sein Haus mit eigenem Grünstrom zusätzlich vollständig beheizt und obendrein noch ein Elektro-Auto besitzt und fährt. Wie viel man bei der Stromheizung genau spart, plus wie günstig man mit seinem E-Auto auf 100 km exakt unterwegs ist, erfahren Sie in Kapitel 2 dieses Buches.

Wir kennen jetzt also das neue Photovoltaik-Windkraft-Konzept, mit dem wir so vieles erreichen können, und stellen fest, dass das Einzige, was bisher gefehlt hat, das Wissen um die Zusammenführung der einzelnen Komponenten der Technik sowie der einzelnen Interessengruppen war. Die bestehende Nachfrage nach sauberem und günstigerem Strom (möglichst) von jetzt an zu befriedigen, war somit am Ende nur eine Frage der Ausgestaltung der Dienstleistung zur Verfügbarmachung der vorhandenen Technologie!

Im folgenden Kapitel erfahren Sie noch einmal mehr über die Vorteile dieses neuen Energiekonzepts und gegen Ende des Buches lesen Sie dann noch in einem Vorschlags-Leitfaden wie es genau umgesetzt werden kann. Wenn Sie nach Abschluss der Lektüre der Meinung sind, dass der Leitfaden nicht komplett oder nicht verständlich sein sollte, notieren

Sie sich am besten gleich Ihre eigenen Ideen und diskutieren Sie mit auf Facebook in der Facebook-Gruppengemeinschaft „Photovoltaik-Steckplatz-Felder_Deutschland" unter der Link-Adresse: https://www.facebook.com/groups/Photovoltaiksteckplatzfelder.Deutschland/

Oder, wenn Sie nicht aus dem deutschsprachigen Raum kommen, diskutieren Sie auf der internationalen Facebook-Gruppengemeinschaftsseite „Photovoltaic_Plug-in_Fields_international" unter:
https://www.facebook.com/groups/photovoltaicpluginfields.international/

Sollten Sie in einem anderen Land als Deutschland wohnen, gründen Sie gerne auch eine Facebook-Gruppe für Ihr Land (falls es diese noch nicht geben sollte), um die Facebook-Aktivitäten zu den Photovoltaik-Steckplatz-Feldern speziell für Ihre Nation zu koordinieren. Zum besseren Auffinden bei der Gruppensuche, verwenden Sie am besten einen Namen analog des folgenden Vorschlags und natürlich in Ihrer jeweiligen Sprache: Photovoltaik-Steckplatz-Felder_"Ihr-Land".

Kapitel 2

Welche Vorteile bringen Ihnen die Photovoltaik-Steckplatz-Felder?

Viele Vorteile haben wir ja bereits in Kapitel 1 aufgeführt. In den nachfolgenden Kapiteln werden nun noch zusätzliche Vorteile aufgezeigt, die für Sie ganz im Speziellen interessant sein dürften! Je nachdem ob Sie privater Entscheider und Nutzer, kommunalpolitischer Entscheider oder bundespolitischer Entscheidungsträger sind.

Vorteile für Sie als Nutzer der Photovoltaik-Steckplätze!

Wenn Ihnen die überraschenden Momente aus dem vorigen Kapitel zugesagt haben, verspreche ich Ihnen gerne für dieses Kapitel noch weitere. Die folgenden Ausführungen und Berechnungen können Sie jederzeit auf Ihre individuelle Situation übertragen, selbst wenn Sie jetzt in einem Haushalt leben, der aus weniger oder aus mehr Personen besteht als in unserem Musterbeispiel.

Bei der untenstehenden Grafik der „Agentur für Erneuerbare Energien" sehen Sie die Entwicklung der monatlichen Energiekosten für einen Drei-Personen-Musterhaushalt seit dem Jahr 2000 für die Bereiche Strom, Heizung und Spritkosten sowie den prognostizierten Stand für das abgelaufene Jahr 2012. Dieser Musterhaushalt verwendet, wie es derzeit in der Regel noch meist der Fall ist, fossil-nukleare Energieformen. Lassen Sie uns einmal berechnen, wie viel niedriger die Ausgaben für diesen Haushalt wären, würde es die Photovoltaik-Steckplätze heute schon geben.

Entwicklung der Energiekosten eines Drei-Personen-Musterhaushalts

Die größten Kostensteigerungen mussten Privathaushalte seit dem Jahr 2000 für Heizöl hinnehmen. Die Stromkosten sind auch ohne die Umlage nach dem Erneuerbare-Energien-Gesetz stark gestiegen.

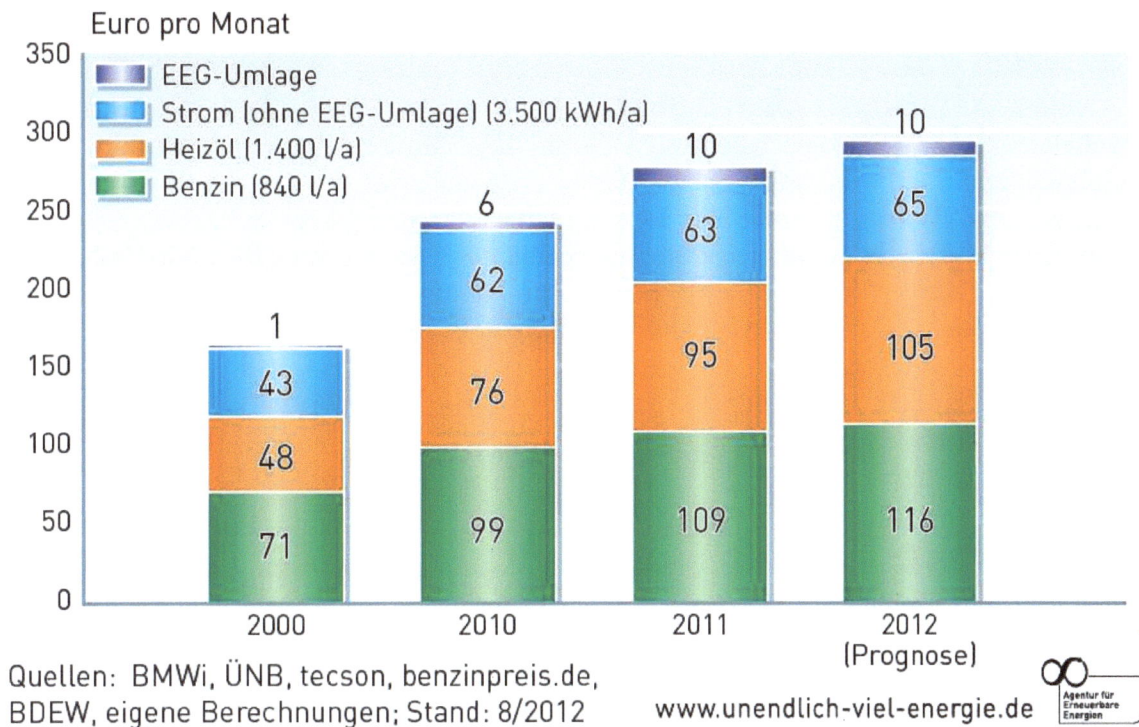

Euro pro Monat

Legende:
- EEG-Umlage
- Strom (ohne EEG-Umlage) (3.500 kWh/a)
- Heizöl (1.400 l/a)
- Benzin (840 l/a)

Jahr	Benzin	Heizöl	Strom	EEG-Umlage
2000	71	48	43	1
2010	99	76	62	6
2011	109	95	63	10
2012 (Prognose)	116	105	65	10

Quellen: BMWi, ÜNB, tecson, benzinpreis.de, BDEW, eigene Berechnungen; Stand: 8/2012

www.unendlich-viel-energie.de

Agentur für Erneuerbare Energien

(Abbildung: Agentur für Erneuerbare Energien 2012d)

Schauen wir uns jetzt einmal an, wie viel gespart werden könnte. Zuerst werfen wir den Blick auf den Strom, dann betrachten wir den Fall, dass der Haushalt seine Ölheizung durch eine elektrische Infrarotheizung ersetzt und zusätzlich beantworten wir die Frage: Wie viel kann eingespart werden, wenn der konventionell betriebene Benzin- oder Diesel-PKW durch ein neues Elektro-Auto ersetzt wird?

Stromkostenersparnis

Rechnen wir nun, was der Drei-Personen-Musterhaushalt im Bereich „Strom" einsparen würde, wenn dieser in seinem Kreis bereits ein Steckplatz-Feld zur Verfügung hätte.

Zur Erinnerung:
Im ersten Kapitel haben wir schon gezeigt, dass Strom vom Steckplatz-Feld tagsüber 1,77 Cent/kWh für einen norddeutschen (Land-)Kreis kosten würde und nachts 17,04 + 1,77 Cent/kWh. Wir haben anschließend an einem Beispielhaushalt mit einer Tag-Nacht-Verbrauchsverteilung von 60:40 berechnet, dass der Strom für diesen Haushalt somit im Durchschnitt 8,59 Cent/kWh kostet.

Wieder zurück zur monatlichen Stromkostenersparnis unseres Drei-Personen-Musterhaushalts:

Im Jahr 2012 zahlte dieser Haushalt monatlich für 291,67 kWh (3.500 kWh geteilt durch 12 Monate), bei einem durchschnittlichen kWh-Strompreis von 25,71 Cent/kWh, einen Betrag von 75 Euro.

Mit eigenen PV-Modulen und Batterien nach unserem Steckplatz-Konzept würden sie nur 25,05 Euro pro Monat bezahlen (291,67 kWh * 8,59 Cent/kWh)! Ersparnis: 49,95 Euro im Monat!

Je nach dem wie viel Überkapazitäten an PV-Strom die Familie besitzt, kann sie überschüssigen Strom, wie erwähnt, entweder tauschen und zwar zu 10 Cent/kWh tagsüber bzw. zu 20 Cent/kWh nachts. Oder aber sie kann ihn an der Strombörse verkaufen (europäischer Mittelwert des Börsenstrompreises führender Strombörsen 01/2008-10/2012: 5,3 Cent/kWh [Küchler/Litz 2013, S.4]). Es ist somit gut möglich, dass der Musterhaushalt im Sommer dadurch einen Zusatzverdienst erwirtschaftet.

Heizkostenersparnis

Wie fällt die Kostenersparnis für den Drei-Personen-Musterhaushalt beim großen Ausgabeposten Heizen und Warmwasser aus?

Zuerst betrachten wir den Kostenblock „Heizöl" und prüfen, ob der Musterhaushalt durch den Einsatz einer elektrischen Infrarotheizung anstelle einer konventionellen Ölheizung Einsparungen realisieren kann und, wenn ja, in welcher Höhe.

Hierzu muss in einem ersten Schritt die Raumheizung von der Brauchwassererwärmung getrennt werden. Im Bundesdurchschnitt macht der Anteil der Brauchwassererwärmung 13,46 % an den gesamten Wärmeenergiekosten aus (Beispieljahr 2010) (Bundesministerium für Wirtschaft und Technologie 2013, S. 7a). Ehe wir die Brauchwassererwärmung betrachten, konzentrieren wir uns zuerst auf den Löwenanteil der Wärmeenergiekosten, sprich die 86,54 % für die Raumerwärmung. Rechnen wir mit den monatlichen Durchschnittswerten wie im obigen Schaubild „Entwicklung der Energiekosten eines Drei-Personen-Musterhaushalts" dargestellt.

Ausgaben pro Monat für die Raumerwärmung:

105 Euro * 86,54 % = 90,87 Euro/Monat wird für die Raumerwärmung aufgewendet (entspricht 100,96 Liter Heizöl oder in Kilogramm des Brennstoffs: 86,83 kg).

In einer Studie der Universität Kaiserslautern wurde ermittelt, dass eine elektrische Infrarotstrahlerheizung generell weniger Energie verbraucht als eine Heizung, die mit Warmwasserheizkörper und über Lufterwärmung (eine sogenannte Konvektionsheizung) funktioniert.

In der Untersuchung der Universität wurde der Infrarotheizung eine Gasheizung gegenübergestellt und es wurde in einem mehrmonatigen Versuch herausgefunden, dass die Gasheizung mit 187,85 kWh/m² (Berechnung auf Basis der Brennwerttechnik) deutlich mehr an Energie einsetzen musste, um das gleiche Wärme-Behaglichkeitsgefühl zu erzeugen als die Infrarotheizung mit einem Energieeinsatz von nur 71,21 kWh/m² (Kosack 2009, S. 34). Die Infrarotheizung benötigt folglich nur 37,9 % der Energie der Gasheizung!

Wenden wir nun die Studie auf unseren Musterhaushalt an: Da laut dem Institut für Wärme und Oeltechnik e. V. (IWO) Gas- und Ölheizungen als gleich effizient angesehen werden (Institut für Wärme und Oeltechnik 2013), können wir dieses 37,9 %-Verhältnis problemlos auf unseren Drei-Personen-Musterhaushalt mit Ölheizung übertragen. Für unsere Rechnung bedeutet dies: statt der Energie von 86,83 kg Heizöl * 11,9 kWh (Heizwert) * 1,06 (zum Erreichen des Brennwertes) = 1.095,29 kWh, benötigt der Musterhaushalt nur 37,9 % davon, sprich 415,12 kWh dank der Infrarotheizung. Und dank unserem eigenen, günstigen Photovoltaik-Strom bezahlt die Musterfamilie am Ende noch einmal weniger für ihre Heizung, nämlich <u>nur 35,66 Euro im Monat</u> (415,12 kWh * 8,59 Cent/kWh)! Dies ergibt eine <u>Ersparnis von 55,21 Euro pro Monat!</u>

Die Infrarotheizung ist aber nicht nur im laufenden Betrieb günstiger, sondern auch in der Anschaffung. Nach Vergleichen des „Energieforum-Hessen.de" kostet die Ausstattung mit Infrarotstrahlern ca. 25.000 Euro weniger als die Anschaffung einer entsprechenden Pelletheizung (Energieforum-Hessen.de 2013) (dieser Betrag kann etwa bei einem Ein- bis Zweifamilienhaus angesetzt werden)! Speziell vor dem Hintergrund einer Neuanschaffung eines Heizsystems, aber auch wenn man einfach die teuren, unsauberen Energieträger der Vergangenheit ersetzen möchte, gibt es zahlreiche gute Gründe, sich für eine Infrarotheizung zu entscheiden. Bereits jetzt lässt sich ein leichter Trend in Richtung dieser Heizart feststellen, denn sie macht, wie wir gesehen haben, finanziell betrachtet sehr viel Sinn.

Vom Energieforum-Hessen.de werden darüber hinaus noch viele weitere positive Eigenschaften der Infrarotstrahler genannt:

> *„Ein weiterer Pluspunkt sei, dass die Strahlungswärme von Infrarotheizungen – ähnlich der Strahlungswärme der Sonne – von vielen Menschen als sehr angenehm empfunden werde, da keine Luft- und Staubverwirbelungen wie bei der Konvektionswärme herkömmlicher Heizkörper auftreten."*

> *„Ein weiterer entscheidender Vorteil der Infrarot-Heizung ist die einfache Installation. Während man bei einem herkömmlichen Heizsystem mit Öl oder Holz einen kompletten Rohrkreislauf für das Wasser installieren muss, ist dies bei einer Infrarot-Heizung nicht notwendig."*

> *„Eine Infrarot-Heizung lässt sich somit immer und überall problemlos aufstellen."* [Ohne Handwerker sogar. Anmerkung des Autors.]

> *„Der Heizvorgang produziert keine Abgase, welche gereinigt und aus den Wohnräumen ausgeleitet werden müssen. So benötigt man nicht einmal einen Kamin und auch die Gebühren für den Kaminkehrer und die vorgeschriebene Schadstoffüberprüfung entfallen."*

> *„Designlösungen sind für die Infrarotheizung geradezu ideal. Sie können die Heizelemente z. B. als Spiegel nutzen, an die Wand als Bildelement hängen oder auch*

an der Zimmerdecke anbringen. Hierbei können auch Materialien wie Granit, Glas oder Marmor ins Spiel kommen."

„Spiegel-Heizelemente können problemlos im Bad eingesetzt werden. Der große Vorteil: Die Heizung ist in den Spiegel integriert – eine platzsparende Lösung, die Ihnen sofort klare Sicht verschafft, denn die Scheibe kann nicht beschlagen."

Und hier noch eine Verdeutlichung der Funktionsweise. Die Abstrahlung der Wärme erfolgt vergleichbar der Erwärmung durch die Sonne:

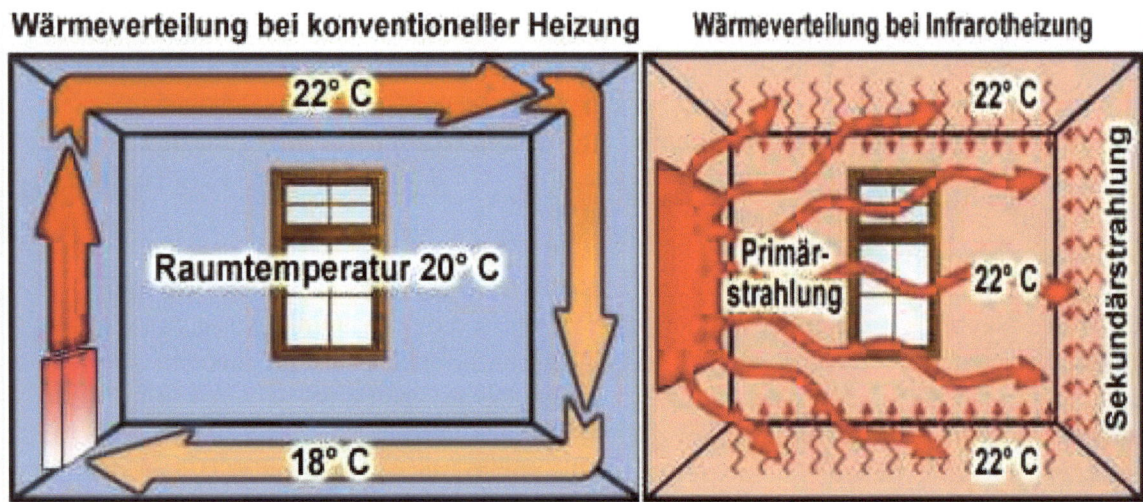

(Abbildung: Energieforum-Hessen.de 2013)

Wie Sie anhand der Darstellung sehen, ist es bei einem infrarot beheizten Zimmer unwahrscheinlich, dass man an der Decke ein unnötig großes Warmluftpolster hat und am Boden gleichzeitig kalte Füße, wie häufig bei Konvektionsheizungen der Fall.

Über die bereits genannten positiven Effekte hinaus gibt es aber noch weitere:

- Herkömmliche Öl- und Gasheizungen gehören durch ihre Wasserpumpe und ihren Brenner zu den größten Stromfressern im Haushalt. Werden sie ersetzt, kann der gesparte Strom direkt in Infrarotwärme umgewandelt werden.

- Hausbesitzer bekämen zwei Räume ihres Hauses wieder zurück. Der Raum für den Öltank und den Heizungsraum. Bei entsprechender Renovierung, Größe und Lichteinfall der „neuen" Räume wären diese je nach Raumaufteilung und Lage eventuell sogar vermietbar. Abhängig vom regionalen Mietspiegel könnten dadurch Miet(mehr)einnahmen von 100-200 Euro Kaltmiete pro Monat erzielt werden.

- Schnelles Ein- und Ausschalteverhalten: Wenn man nach Hause kommt, irrelevant wie lange die Wohnung ausgekühlt ist, stellt sich sofort ein wärmendes Gefühl ein – sozusagen direkt auf Knopfdruck. Es ist also nicht mehr notwendig, die Heizung weiterlaufen zu lassen, wenn man gar nicht zu Hause ist.

- Für Menschen mit Asthma wird die frische, da leicht kühlere Luft bei gleichzeitig molliger Wärme ohne Staubverwirblungen bei der Infrarotheizungsart als ganz besonders angenehm empfunden.

- Zusätzlich zum vorigen Punkt brachte die Studie der Universität Kaiserslautern noch die Erkenntnis, dass bei eventuell feuchten Wänden die Trocknung gefördert wird und dadurch der Schimmelbildung und allen damit verbundenen gesundheitlichen Problemen entgegengewirkt wird (Kosack 2009, S. 39).

Die Infrarotheizung könnte sich also aufgrund ihrer vielen Vorteile zu einem starken Trend entwickeln, vor allem aber durch ein Zusammenspiel mit dem nachhaltigen und günstigen Strom aus den eigenen Photovoltaik-Modulen auf den Steckplatz-Feldern des Kreises!

Bei all dem Lob für die Infrarotheizung, vorteilhaft wäre eventuell auch eine Ergänzung durch eine Tagspeicher-Heizung vergleichbar mit elektrischen Nachtspeicheröfen, nur dass hier nicht Strom während der Nacht in Wärme für die Abgabe am Tag gewandelt würde, sondern umgekehrt. Der Strom würde am Tag, wenn er noch über die PV-Module und nicht von der Batterie kommt und somit nur 1,77 Cent/kWh kostet, für die Abgabe abends als Wärme gespeichert. Da beide elektrischen Varianten vom Anschaffungspreis her viel günstiger sind als Öl-, Gas- oder Pelletzentrahlheizungen, wäre eine Kombination von Infrarot und „Tagspeicher-Heizung" (die Tagspeicher-Heizung könnte auch eine elektrische Fußbodenheizung sein) durchaus praktikabel.

Welche Einsparungspotentiale können beim Ausgabeposten der Warmwasserproduktion für die Musterfamilie erzielt werden?

Gehen wir einmal von der gleichen Effizienz eines über Heizöl befeuerten Boilers und eines Elektro-Boilers aus, dann kostet eine kWh Heizöl immer noch etwa 9 Cent und unser Photovoltaik-Strom tagsüber nur 1,77 Cent/kWh! Natürlich verwenden wir bei unserem Konzept somit auch einen Elektro-Boiler. Dieser wird tagsüber aufgeheizt und durch die Isolierung kann ein hoher Anteil der Wärme, ähnlich einer Thermoskanne, für weitere Stunden gespeichert werden.

Für unseren Drei-Personen-Musterhaushalt bedeutet dies im konkreten Fall:

Bisherige Ausgaben im Monat für Brauchwassererwärmung: 105 Euro (monatliche Gesamtausgaben für Heizöl) * 13,46 % (Anteil zur Brauchwassererwärmung) = 14,13 Euro.

Um die Kosten vergleichbar zu machen, benötigen wir jetzt die kWh-Zahl des eingesetzten Heizöls. Hierbei ist der niedrigere Heizwert anzusetzen.

13,46 % des monatlich verbrauchten Heizöls entspricht 15,7 Liter oder 13,5 kg. Es gilt somit folgende Rechnung: 13,5 kg * 11,9 kWh (zum Erreichen des Heizwertes) = 160,71 kWh.

Somit erhalten wir als Kosten für den Gebrauch des Elektro-Boilers: 160,71 kWh * 1,77 Cent/kWh = 2,84 Euro! Durch die Nutzung eines Elektro-Boilers kann die Musterfamilie noch einmal 11,29 Euro einsparen!

Spritkostenersparnis

Hätten Sie gedacht, dass Elektro-Autos wie beispielsweise der Nissan Leaf, selbst beim aktuell hohen Haushaltsstrompreis der Energieversorger von 27,3 Cent/kWh, auf 100km einen Verbrauch, sprich Stromkosten in Höhe von lediglich 5,49 Euro aufweisen? (Verbrauch pro 100 km im Test des WDR: 20,1 kWh [Houben 2012, S. 2])

Sie ahnen sicherlich schon, dass die Musterfamilie auch an dieser Stelle ihre Haushaltskasse stark entlasten kann. Schauen wir uns die aktuellen Ausgaben einmal im Detail an:

Pro Monat werden im Schnitt 70 Liter Benzin für 116 Euro benötigt (Literpreis im Schaubild: 1,66 Euro).

Wie viele Kilometer kann man mit dieser Liter-Menge mit einem Benzinauto, das in der Größe mit dem Nissan Leaf vergleichbar ist, fahren? Nehmen wir hierzu einen sparsamen, handelsüblichen VW Golf mit einem Verbrauchswert von 5,5 Litern auf 100 km. Das Ergebnis: Für 116 Euro kommt die Familie mit diesem VW Golf im Monat 1.273 km weit.

Für diese Strecke benötigt der elektrische Nissan Leaf 255,82 kWh. Diese kosten, wenn tagsüber und mit unserem Steckplatz-Strom geladen wird, 255,82 kWh * 1,77 Cent/kWh = 4,53 Euro – für den ganzen Monat Auto fahren! Dies ergibt eine beachtliche Ersparnis von 111,47 Euro!

Weil es so schön ist, hier noch der Stromkostenpreis auf 100 km: 20,1 kWh * 1,77 Cent/kWh = extrem günstige 36 Cent auf 100 km!

Zugegeben, der Neupreis für den Nissan ist mit 33.990 Euro natürlich noch recht hoch. Dennoch stellen die Verbrauchskosten ein sehr gutes und überzeugendes Argument für einen Kauf dar und, wenn der Anschaffungspreis, wie zu erwarten ist, zukünftig noch etwas nach unten geht, kann auch die Lawine der E-Autos als modernere und preiswertere Fahrzeugtechnik endlich losbrechen.

Ihre Tankstelle hätten Sie dann immer direkt vor der Haustüre und, vorausgesetzt dass die Fahrzeuge einen individuellen Stromzähler haben, theoretisch auch an jedem Parkplatz, egal ob vor dem Supermarkt oder an Ihrem Arbeitsplatz.

Fazit für unseren Drei-Personen-Musterhaushalt

Wenn wir überlegen, dass der Musterhaushalt – genauso wie wir alle – bisher quasi schutzlos allen Preissteigerungen bei Strom, Heizöl und Autokraftstoff ausgeliefert war, stimmt es mich fröhlich, dass das spätestens dann, wenn unser Photovoltaik-Steckplatz-Konzept verwirklicht wird, nicht mehr so sein wird.

Hier die Übersicht der monatlichen Ersparnisse bei den einzelnen Kostenblöcken sowie die monatliche Gesamtersparnis:

Ausgabenposten monatlich (EUR)	Alte Energiearten, Kostenstand 2012	Energie über PV-Steckplatz-System	Monatliche Ersparnis
Strom	75,-	25,05	49,95 (66,6 %)
Raumwärme	90,87	35,66	55,21 (60,8 %)
Wassererwärmung	14,13	2,84	11,29 (79,9 %)
Auto	116,-	4,53	111,47 (96,1 %)
Gesamtergebnis	**296,-**	**68,08**	**227,92 (77,0 %)**

Insgesamt würden monatlich statt 296 Euro also nur noch 68,08 Euro für Energiekosten ausgegeben werden. Das ergibt eine Ersparnis in Höhe von 227,92 Euro und 77 %! Davon lässt sich jeden Monat so Einiges kaufen oder für zukünftige Investitionen beiseite legen.

Ausblick in die Zukunft für Ihre Energieausgaben

Wenn Sie nun sagen, das ist jetzt schon ein interessantes Ergebnis, so wird dies, wenn man auf die prognostizierten Preissteigerungen der konventionellen Energieformen in der Zukunft schaut, noch interessanter und ein baldiger Umstieg für uns finanziell noch attraktiver.

Im Schaubild des Drei-Personen-Musterhaushalts sehen wir seit dem Jahr 2000 beim Strom im Durchschnitt eine Teuerungsrate pro Jahr von 4,54 % (ohne EEG-Umlage wären dies immerhin noch 3,50 %). Bei Heizöl haben wir sogar eine Teuerungsrate von jährlich 6,74 % und bei Benzin erfuhren wir ebenfalls eine durchschnittliche Preissteigerung von 4,18 % pro Jahr.

Wenn wir diese jährlichen Preissteigerungsraten, die wir tatsächlich über die letzten Jahre erlebt haben, für die Zukunft aufgrund von weiterer Rohstoffverknappung und Inflation ebenfalls annehmen, so werden die privaten Haushaltsausgaben für bisherige Energieformen Jahr für Jahr logischerweise immer höher und sich zu einem überraschend großen Betrag in der Zukunft akkumulieren. Im Gegensatz dazu bleiben die Tilgungsraten für unseren Photovoltaik-Steckplatz-Strom immer gleich niedrig und damit kalkulierbar.

Ersparnis des Drei-Personen-Musterhaushaltes über die nächsten 30 Jahre

Betrachten wir nun, wie viel Geld der Musterhaushalt über die nächsten 30 Jahre sparen kann. (Alle Finanzmathematiker mögen mir verzeihen, dass wir zur einfacheren Verdeutlichung an dieser Stelle auf die Verwendung der Nettobarwertmethode zur Berechnung verzichten und stattdessen einfach die Summe der jährlichen Beträge zugrunde legen, d.h. diese nicht mehr auf den heutigen Wert des Kapitals abzinsen. Wobei, dies sei an dieser Stelle erwähnt, das Ergebnis auch unter Verwendung der Nettobarwertmethode genau dieselbe Sprache sprechen würde).

Zukünftige Stromkosten

Da die EEG-Umlage eventuell gedeckelt wird, wie aktuell in der Politik diskutiert, legen wir unserer Berechnung die niedrigere Strompreissteigerungsrate von 3,5 % zugrunde (d.h. ohne Steigerung der EEG Umlage).

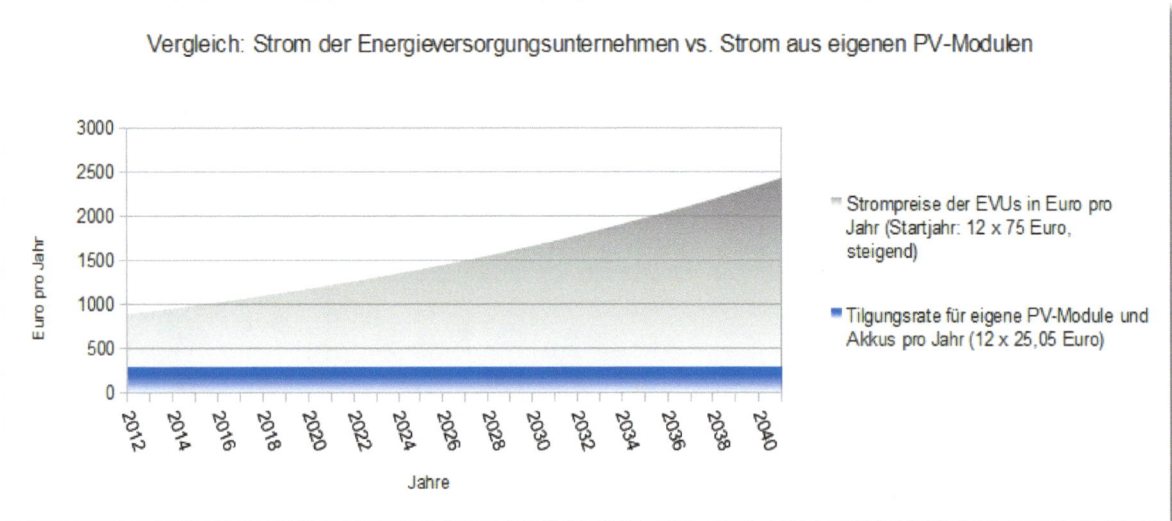

Vergleich: Strom der Energieversorgungsunternehmen vs. Strom aus eigenen PV-Modulen

(Abbildung: eigene Darstellung)

Bei der angenommenen Preissteigerungsrate für konventionellen Strom in Höhe von 3,5 %, betragen die über einen Zeitraum von insgesamt 30 Jahren (gerechnet vom Jahr 2012 bis zum Jahr 2042) aufsummierten Stromkosten insgesamt 46.460 Euro. Für eigene PV-Module und Akkus fallen für dieselbe Strommenge währenddessen nur 9.018 Euro an. Daraus ergibt sich als <u>Differenz eine Ersparnis von 37.442 Euro für die Musterfamilie!</u>

Zukünftige Heizkosten

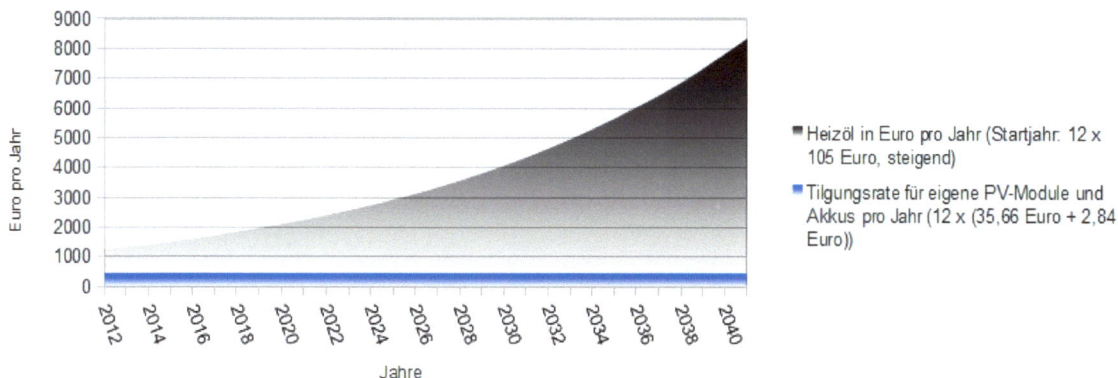

Vergleich: Heizöl vs. Wärme über Strom aus PV-Modulen

(Abbildung: eigene Darstellung)

Bei der relativ hohen angenommenen jährlichen Preissteigerungsrate für Heizöl in Höhe von 6,74 % (wie über die letzten zwölf Jahre der Fall), betragen die über einen Zeitraum von 30 Jahren aufsummierten Heizölkosten insgesamt 113.596 Euro, wohingegen für Wärme durch Infrarotheizung, gespeist über den Strom aus eigenen PV-Modulen - für das gleiche Wärmegefühl - nur 13.860 Euro anfallen. <u>Daraus ergibt sich wiederum als Differenz eine Ersparnis von 99.736 Euro für die Musterfamilie!</u>

Zukünftige Spritkosten

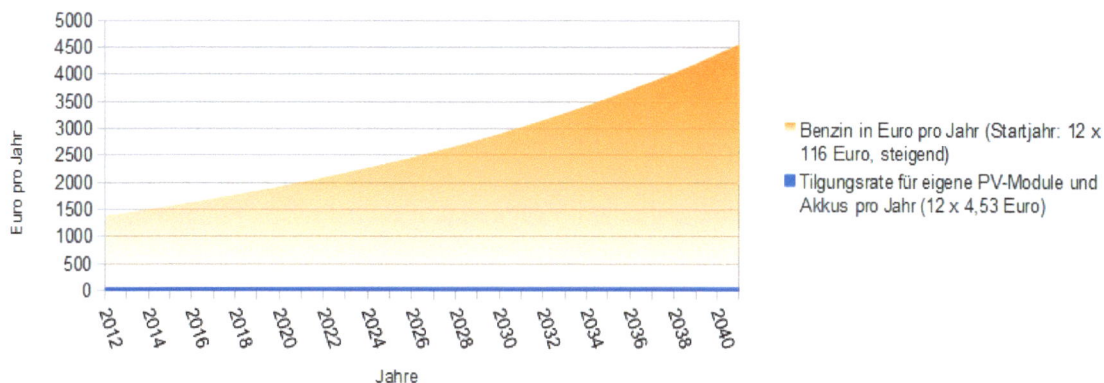

Vergleich: Benzin vs. Strom aus PV-Modulen für das E Auto

(Abbildung: eigene Darstellung)

Bei der angenommenen jährlichen Preissteigerungsrate für Benzin von 4,18 % betragen die aufsummierten Kosten hierfür nach 30 Jahren insgesamt 80.460 Euro, während für dieselbe

Anzahl von Kilometern, gepowert über die eigenen PV-Module, nur 1.631 Euro anfallen. Die Differenz ergibt wiederum eine Ersparnis in Höhe von 78.829 Euro für die Musterfamilie!

Über alle drei Ausgabenposten hinweg erzielt die Musterfamilie somit eine Ersparnis in Höhe der Differenz zwischen 240.516 Euro (Summe der Kosten für Energie aus konventionellen Energieformen) und 24.509 Euro (Summe der Kosten des Stroms aus eigenen PV-Modulen und Batterien). Im Ergebnis sind dies ganze 216.007 Euro Ersparnis oder 89,81 %! Von diesem Unterschiedsbetrag könnten wir uns heute ein kleines Haus kaufen.

Würden Sie das Ergebnis glauben, wenn Sie die Rechnung nicht mitverfolgt hätten? Schicken Sie mir gerne Ihre Antwort auf Facebook unter der Link-Adresse: https://www.facebook.com/groups/Photovoltaiksteckplatzfelder.Deutschland/ Oder, in englischer Sprache, unter: https://www.facebook.com/groups/photovoltaicpluginfields.international/

Fazit zum Ausblick in die Zukunft

Wahrscheinlich würden die Preissteigerungen für konventionelle Energieformen irgendwann in der Zukunft ebenfalls gedeckt, da die Menschen solche Kosten nicht mehr von den Energielieferanten akzeptieren würden bzw. diese für viele Bürger nicht mehr bezahlbar wären. Dennoch, vielleicht würde diese Deckelung nur an andere Stelle durch Steuern wieder querfinanziert, wie es aktuell bei Kohle und Atomkraft der Fall ist und wie bereits am Ende des ersten Kapitels kurz angesprochen.

Anhand des Musterhaushalts haben wir jetzt bewiesen um wie viel günstiger das Steckplatz-Konzept ist. Die Ersparnis durch dieses Modell spricht für sich. Des Weiteren ist es mit komplett sauberem Strom „gepowert" und darüber hinaus sind die PV-Module und Batterien unser Eigentum, das wir jederzeit wieder verkaufen könnten, wenn wir dies wollten. Es spricht also vieles dafür, sich für die Einführung dieses Modells jetzt stark zu machen!

Noch weitere Vorteile für Sie als teilnehmender Nutzer!

Wenn wir uns die eben angesprochene Quersubventionierung der konventionellen Energieformen aus Steuermitteln noch einmal als jährlichen Gesamtbetrag anschauen, wird deutlich, wie viel wir als Steuerzahler in diesem Fall genau und zusätzlich einsparen könnten: Wir Steuerzahler würden jährlich 5,4 Mrd. Euro unserer Abgaben, die in den Topf der staatlichen Förderung für die Kohle- und die Atomindustrie fließen, in unserem Portemonnaie behalten können (Küchler/Meyer/Blanck 2012, S. 13). Dieses Geld wird Jahr für Jahr frei verfügbar sein, sobald diese konventionellen Energieträger durch erneuerbare Energien abgelöst sind! Der Betrag bräuchte dann entweder erst gar nicht erhoben werden oder aber er könnte in Bildung, Ausbildung, bzw. berufliche Fortbildungen, etc. der Bürger investiert werden.

Weitere ca. 35 Mrd. Euro (Küchler/Meyer/Blanck 2012, S. 13) an jährlichen Steuer- und Versicherungsgeldern, welche laufend zur Deckung der anfallenden externen

Gesellschaftskosten der konventionellen Energien aufgewendet werden müssen, würden für uns Bürger wieder frei werden. Die externen Gesellschaftskosten entstanden und entstehen durch Umwelt-, Gebäude-, Gesundheitsschäden, etc. aufgrund der jahrzehntelangen Verbrennung von Kohle und Öl, und infolge der Nutzung der Atomenergie. Das heißt allerdings, dass, solange die Nachwirkungen von Öl, Kohle und Atom noch anhalten, sich die Einsparungen bei diesem Kostenblock nur langsam realisieren lassen werden. Trotzdem werden sich die Einsparungen entwickeln, und das wünschenswerterweise besser schon im Verlauf der nächsten Jahre als erst in den nächsten Jahrzehnten. Bei aus den letzten beiden Abschnitten addierten 40,4 Mrd. Euro an eingesparten Steuer- und Versicherungsausgaben, stünden für jeden Bundesbürger <u>theoretisch</u> ca. 494 Euro jährlich wieder zur Verfügung. Bei einem Drei-Personen-Musterhaushalt wären dies immerhin 1.482 Euro pro Jahr.

Wieder zurück zu einem direkten Kostenspareffekt, den wir in unseren Berechnungen bereits berücksichtigt haben und dennoch an dieser Stelle noch einmal aufgeführt wird, weil er besonders interessant ist (sozusagen zum tieferen Verständnis): Ein Grund, weshalb wir durch Eigenverbrauch soviel weniger Kosten haben, ist, dass fast alle Preiskomponenten des Strompreises wegfallen, die nichts mit der Stromproduktion selbst zu tun haben. Diese Preiskomponenten, die der Strom der Energieversorgungsunternehmen über die Stromherstellung hinaus enthält, sind folgende:

- Vertriebskosten und Gewinnmarge der Energieunternehmen
- Abgabe im Rahmen des Kraft-Wärme-Kopplungsgesetzes
- § 19-Umlage (Sonderkundenumlage) zum Ausgleich von Netzentgeltentlastungen stromintensiver Unternehmen
- Offshore-Haftungsumlage (neu ab 2013)
- EEG-Umlage
- Stromsteuer
- Mehrwertsteuer
- Konzessionsabgabe für die Nutzung öffentlicher Wege zur Versorgung der Letztverbraucher
- Netznutzungsentgelte

Wir können feststellen, dass dies aktuell recht viele Positionen sind, von denen jedoch die wenigsten für unser Steckplatz-System relevant sind: Die Mehrwertsteuer würde zwar beim Kauf der PV-Module in gewisser Weise noch mitbezahlt und bei den letzten beiden Punkten (Konzessionsabgabe und Netznutzungsentgelte) wäre eine teilweise Berechnung sehr wohl gerechtfertigt, doch diese Abgaben sollten eigentlich durch die in unserem Modell erhobenen Gebühren von 120 kWh/kW-Peak/Jahr vollständig mit abgedeckt sein.

Neben den rein finanziellen Vorteilen lassen sich noch zahlreiche weitere praktische Vorteile anführen, die sich durch die Nutzung eines Photovoltaik-Steckplatz-Systems erzielen lassen – hier im Vergleich zu Dachinstallationen von Solaranlagen:

- Sie haben mit dem Service-Center Ihres Kreises immer einen hilfsbereiten und kompetenten Ansprechpartner zu allen Fragen bezüglich Ihrer Module, Windkraftanlagenanteile und Batterien, aber auch bezüglich allgemeiner Fragen zu Photovoltaik und Windkraft an Ihrer Seite.
- Sie haben die Gewissheit, dass immer automatisch für Wartung, Pflege und Schneesäuberung gesorgt wird.
- Der Tausch bzw. Verkauf des überschüssigen Stromes wird für Sie gemanagt.

- Sollten Sie umziehen, können Sie einfach die Module in Ihren eventuell neuen Landkreis mitnehmen bzw. die entsprechenden Schritte werden alle für Sie organisiert.
- Wenn Sie in einem denkmalgeschützten Haus wohnen oder überhaupt kein eigenes Dach zur Verfügung haben oder dieses nicht optimal nach Süden zeigt, können Sie sich trotzdem, wie bereits erwähnt, mit soviel eigenem PV-Strom beliefern, wie Sie möchten.
- Sie bekommen 30 % mehr Ertrag durch die Sonnennachführungstechnik, die bei den Steckplätzen Anwendung findet.

Mit den Steckplatz-Feldern nutzen Sie also die „Ölquelle in Ihrem Garten" ohne jetzt tatsächlich Ihren Garten mit PV-Modulen für Ihr eigenes Kraftwerk verbauen zu müssen. Sie helfen aktiv, Ihre Umwelt zu heilen und nebenbei haben Sie noch eine Menge neuen Gesprächsstoff mit Ihrem Nachbarn.

Übrigens, sprechen Sie gerne bereits jetzt über diese Idee und diskutieren Sie weiter Vorschläge. Auf Facebook unter den oben erwähnten Link-Adressen können Sie diese posten und sich so engagieren. Je mehr Menschen darüber sprechen, desto eher und schneller kann das Konzept realisiert werden.

Vorteile für unseren (Land-)Kreis und unsere Kommune

Die positiven Auswirkungen auf die Kommunen und Kreise bei einer Umsetzung des Photovoltaik-Steckplatz-Systems sind vielfältig.

Wie bereits angesprochen, könnten Montagegestelle oder Teilkomponenten direkt in der Region gefertigt werden. Unter Umständen ist sogar ein Photovoltaik- und/oder Batteriehersteller in der Gegend ansässig, der das beste Preisleistungsverhältnis anbieten kann. Damit könnte die lokale Wirtschaft direkt unterstützt werden und mehr Menschen fänden direkt vor Ort Arbeit, was letztlich zur Steigerung der Gewerbesteuereinnahmen beitragen würde.

Gleichzeitig zu den Mehreinnahmen wie oben angeführt, könnten die Photovoltaik-Steckplatz-Felder zusätzlich noch einen positiven Beitrag zu sinkenden kommunalen Ausgaben leisten. Dies wäre namentlich bei den Ausgaben für Sozialleistungen der Fall, da die Energiekosten der Haushalte, als direkte Folge der Einführung des PV-Steckplatz-Konzepts, deutlich sinken würden.

Darüber hinaus könnte der Kreis selbst Menschen in Arbeit bringen, indem er Fachkräfte für das Management und die technische Betreuung der Steckplatz-Felder einstellt.

Und nicht zu vergessen: Dieser Arbeitsort wäre sicherlich auch ein spannendes Betätigungsfeld für engagierte ehrenamtliche Mitarbeiter.

Das Geld, welches die Menschen durch die neue, sehr günstige eigene Energie sparen würden – und wir haben bereits gesehen, um wie viel es sich dabei handelt – würde eher in der Region verbleiben. Bisher fließt es an Energiekonzerne und Netzbetreiberfirmen ab, welche diese Mittel eventuell sogar im Ausland anlegen (teilweise haben diese Firmen ihren Sitz auch im Ausland, daher ist es logisch, dass Geldvermögen der Bundesbürger gegenwärtig zum Teil nicht nur aus der Region, sondern auch aus der Bundesrepublik ins Ausland wandert). Wenn das Geld aber in der Region bzw. in der Kommune bleibt, kommt es zu einer Steigerung der lokalen Kaufkraft und damit zu einer allgemeinen Belebung der lokalen Wirtschaft. Die Menschen haben mehr Geld verfügbar, um z. B. im Restaurant Essen zu gehen, ins Kino zu gehen, Kulturveranstaltungen zu besuchen, Sport zu machen, ins Hallenbad zu gehen, etc.

Über die oben genannten Punkte, aber vor allem durch die kWh-Abgaben der Nutzer, soll das Steckplatz-Feld für den Kreis zu einer langfristigen Geldeinnahmequelle werden. Der Kreis kann sich durch die „Kilowattstunden-Einnahmen", die er von den Teilnehmern erhält, am lokalen Stromtausch profitabel beteiligen und sich selbst mit (ansonsten teurerem) Strom für alle Zeiten versorgen. Alternativ kann er auch den Strom an die Kreisgemeinden oder die Strombörse weiterverkaufen. Ein kurzes Rechenexempel: 200.000 Einwohner eines Durchschnittskreises mal 7,25 kW-Peak im Schnitt pro Einwohner (diese Zahl ergibt sich aus der Modulmenge des Drei-Personen-Musterhaushalts, also 21,76 kW-Peak geteilt durch drei Personen), mal (120-60) kWh Steckplatz-Gebühren pro Jahr (60 kWh werden für Netznutzung und als Konzessionsabgabe an die Netzbetreiber und an die Gemeinden abgeführt) mal 10 Cent/kWh Tagestauschpreis = 8.704.000 Euro pro Jahr. Natürlich müssen davon noch die Kosten für den Steckplatz selbst und dessen Verwaltung abgezogen werden. Dennoch ist mit einem lukrativen Plusgeschäft zu rechnen, da es sich um garantierte, regelmäßige jährliche Einnahmen des Kreises handelt. Somit entsteht eine Win-Win-Situation für die Bürger, den Kreis und, wie wir weiter unten noch ausführlich sehen werden, auch für unser ganzes Land.

Die Steckplatz-Felder, welche uns das ganze Jahr mit Energie versorgen, könnten auch zur kulturellen Belebung der Region beitragen, beispielsweise mit Veranstaltungen wie Führungen, Infotage oder auch Feste um das Thema der Photovoltaik-/Windkraft-Felder herum. Speziell lokal entsteht dadurch oft eine besondere und positive Eigendynamik, welche man für diese sinnvolle Infrastruktureinrichtung wiederum nutzen kann. Ein Nutzen könnte sein, noch mehr Menschen für das Projekt zu erreichen. So kann sich daraus zweifelsohne ein Gemeinschafts- oder neudeutsch „Community-Effekt" tatsächlich entwickeln, denn die Menschen bilden dann so etwas wie eine Symbiose in dem für uns täglich wichtigen (und dann auch sicherlich positiv besetzten) Feld der Energieversorgung. Neben reinem Strom können die PV-Module somit auf der menschlichen Ebene ein starkes Zugehörigkeitsgefühl zum Kreis und ein verstärktes Zusammengehörigkeitsgefühl unter den Kreiseinwohnern erzeugen.

Insgesamt steigert die saubere Energieherstellung und -verwendung durch abgaslosen Autoverkehr, ob jetzt in der Großstadt oder in der Kleinstadt, die Lebensqualität in jeder Region. Einfach das Gefühl haben zu können, heutzutage, in unserer umweltmäßig problematischen Zeit, dann in einem emissionsfreien Raum, quasi in einer Gesundheitsoase zu leben, ist gewiss eine schöne Empfindung. Gleichzeitig kann man mit Stolz sagen, „meine Region ist eine High-Tech-Region, auf die die Menschen in der ganzen Welt sicherlich beeindruckt schauen werden".

Gibt es eine bittere Pille?

Keine, welche die Vorteile der Steckplatz-Felder aufheben könnte. Was einem dennoch unter diesem Gesichtspunkt in den Sinn kommen könnte, ist der hohe Flächenbedarf, wenn sich jeder einzelne Haushalt Deutschlands für die günstigere und flächenmäßig etwas größere Technologievariante der Dünnschichtmodule entscheidet (die derzeit günstigste Technik: Dünnschichtmodule mit amorphem Silizium). Was jetzt schon abzusehen ist und dem Flächenverbrauch wirkungsvoll entgegenwirkt, ist, dass sich in den nächsten Jahren der Wirkungsgrad pro Modul-Fläche weiter verbessern wird und somit weniger Steckplätze notwendig sein werden.

Sie werden sich jetzt sicher fragen, wie der Flächenverbrauch überhaupt berechnet werden kann. Hierzu folgende Erläuterung:

Für die Berechnung verwenden wir ein existierendes Dünnschicht-Modul mit der günstigeren amorphen-Silizium-Technologie. Die relevanten Werte sind die Nennleistung mit 410 Watt-Peak und die Flächenabmessungen mit 2,598 m auf 2,198 m.

Nehmen wir an, die Bundesrepublik besteht aus lauter Drei-Personen-Durchschnittshaushalten, also Haushalte wie aus unserem Beispiel vom Kapitelanfang, dann hätten wir in Deutschland 81,8 Mio. Einwohner geteilt durch drei Personen, ergibt 27,27 Mio. Musterhaushalte, die alle den gleichen Energiebedarf aus dem Beispiel haben.

Hier noch einmal der Energiebedarf unserer Durchschnittsfamilie und die daraus resultierende kW-Peak-Menge an PV-Modulen:

Strom für Licht, etc.	291,67 kWh monatlich geteilt durch 30,5 Tage ergibt 9,56 kWh pro Tag
Raumwärme	415,12 kWh monatlich mal 12 Monate (ergibt den Jahresbetrag) geteilt durch 5 Monate (wir nehmen an, dass wir nur während 5 Monaten heizen, d.h. von November bis März) geteilt durch 30,5 Tage ergibt 32,67 kWh für einen Wintertag
Wassererwärmung	160,71 kWh monatlich geteilt durch 30,5 Tage ergibt 5,27 kWh pro Tag
E-Auto	255,82 kWh monatlich geteilt durch 30,5 Tage ergibt 8,39 kWh pro Tag

Der Gesamtstrombedarf an einem Wintertag beläuft sich also auf 55,88 kWh und an einem Sommertag auf 23,21 kWh.

Sie erinnern sich bestimmt, dass wir im ersten Kapitel im Abschnitt „Strategie für den Winter" diese Zahlenwerte in gerundeter Form ebenfalls bereits verwendet haben. Als praktikable Modulmenge haben wir für die Musterfamilie in jenem Beispiel 21,76 kW-Peak ermittelt.

Berechnen wir also weiter den Flächenbedarf für den Fall der 21,76 kW-Peak unter Verwendung von günstigen Dünnschichtmodulen und für 27,27 Mio. Durchschnittsfamilien.

Ermitteln wir hierzu als Zwischengröße die Fläche der Module pro kW-Peak: 2,598 m Länge * 2,198 m Breite / 410 Watt-Peak * 1000 = 13,93 m² pro kW-Peak.

Bevor wir jetzt die Gesamtfläche endgültig ausrechnen können, noch eine wichtige Information des Fraunhofer Instituts zum Platzbedarf von PV-Modulen innerhalb einer Freiflächenanlage: *„Bei Südausrichtung und entsprechender Beabstandung belegen sie ungefähr das 2,5fache ihrer eigenen Fläche. "* (Wirth 2013, S. 35).

Jetzt haben wir alle Informationen beisammen und wir können die finale Rechnung aufstellen.

Gesamtfläche aller Steckplatz-Felder:
21,76 kW-Peak * 13,93 m² * 2,5 * 27.266.667 Musterhaushalte = 20.662 km²

Im Bezug auf die Fläche Deutschlands von 357.120 Quadratkilometer würde der Flächenbedarf somit 5,79 % betragen. Der gleiche Prozentsatz gilt natürlich dann auch für den Durchschnittslandkreis.

Aktuell steigen die Wirkungsgrade bei den Solarzellen ständig weiter. Kann ein Dünnschichtmodul mit dem doppelten Wirkungsgrad des hier Verwendeten (Wirkungsgrad: 7,23 %) zum gleichen Preis hergestellt werden (im Labor werden solche und bessere Werte bereits erreicht), halbiert sich der Flächenbedarf noch einmal und wir sind dann bei 5,79 % / 2 = 2,89 % der Fläche jedes Kreises, bzw. Deutschlands. Zum Vergleich: aktuell beträgt der Anteil der landwirtschaftlich genutzten Fläche in Deutschland 46,72 % (Statistisches Bundesamt 2012).

Auch wenn die Fläche, die für die Photovoltaik-Felder benötigt wird, vielleicht noch groß ist, es könnte keine bessere Verwendung für sie geben! Die beiden Hauptargumente dafür sind einleuchtend: Wir versorgen uns und andere mit billigem Strom und gleichzeitig erreichen wir, dass unsere Umwelt nicht nur geschont wird, sondern auch die Selbstheilungskräfte der Natur wieder Schritt für Schritt aktiviert werden zur Heilung unserer Umwelt!

Übrigens: Photovoltaik-Felder sind auch CO-neutraler als Biosprit-Pflanzen anzubauen, da beim Düngen, Transportieren und Verbrennen von diesen Gewächsen mehr CO_2 entsteht, als sie während ihres Wachstums aus der Atmosphäre aufnehmen.

Die Vorteile für unser ganzes Land

Deutschland als ganzes Land kann in vielerlei Hinsicht von den Photovoltaik-Steckplatz-Feldern profitieren. Auf finanzieller, sozialpolitischer wie auch umweltpolitischer Ebene bietet das Konzept, das wir vor uns liegen haben, viele wichtige Lösungen.

Wenn die Bundesbürger ihre eigene Energie produzieren und diese auch verkaufen können, würde auch der Staat seine Einnahmen dadurch vermehren. Die Menschen hätten ein zusätzliches Einkommen, was für den Fiskus wiederum höhere Einnahmen durch ein höheres Einkommensteueraufkommen bedeuten würde.

Mit unserem Konzept würde nicht nur das unternehmerische Denken der Bevölkerung im allgemeinen angeregt, die Wirtschaft würde einen Wachstumsschub allein dadurch bekommen, dass sich die Bürger die entsprechenden Photovoltaik-Module anschaffen. Schauen wir einmal auf das Ergebnis der folgenden kleinen Rechnung: Werden pro Musterhaushalt aus unserer obigen Kalkulation die angesprochenen 21,76 kW-Peak-Module eingekauft (finanziert), sprechen wir von einem Kaufvolumen von: 27,27 Mio. Haushalte mal 21,76 kW-Peak mal 511,70 Euro Modulpreis pro kW-Peak ergibt 303,64 Mrd. Euro. Hinzu kommen noch die Batterien für den Abendstrom, die ebenfalls gekauft/finanziert würden. Was die benötigte Batteriekapazität anbelangt rechnen wir mit einem bescheidenen Betrag, wenn Strom für Wassererwärmung und E-Auto nicht abends über die Batterie kommen muss, sondern tagsüber über die PV-Module das Wasser aufgeheizt, bzw. das E-Auto aufgeladen wird. Wenn ebenfalls nur ein kleiner Teil der Raumwärme über Batterien kommen werden soll, dann haben wir an einem Durchschnittstag einen Strombedarf für den Bereich „Licht, Kochen, Haushaltsgeräte, etc." von 9,56 kWh (der Betrag kommt aus der Tabelle aus unserem obigen Beispiel zur Flächenberechnung). Nehmen wir weiterhin an, dass die Verteilung 60 % Verbrauch tagsüber und 40 % abends ist, dann müssen wir für den Abend Strom in der Menge von 9,56 kWh * 40 % speichern. Das ergibt 3,83 kWh. Hierzu brauchen wir mindestens zwei Akkus à 2,4 kWh-Wiedergabekapazität aus unserem Beispiel in Kapitel 1. Diese gibt es zum Preis von 1.309 Euro pro Stück. Unser Volumen für Akkus, zusammengerechnet für das ganze Land, berechnet sich dann wie folgt: 2 * 1.309 Euro * 27,27 Mio. Haushalte = 71,39 Mrd. Euro. Beide Beträge für die Beschaffung von PV-Modulen und Akkus zusammen, die von den Bürgern investiert würden, summieren sich auf 375,03 Mrd. Euro. Etwa ein Drittel der Summe kommt noch einmal durch die Investitionen in Windkraftanlagen (je nach Nachfrage) hinzu, sowie ca. ein Zehntel der 375,03 Mrd. Euro für den Infrastrukturaufbau der Kreise. <u>Insgesamt könnte dann mit einem privat finanzierten Investitionsvolumen von grob mehr als einer halben Billion Euro gerechnet werden.</u> Diese Investitionen, in möglichst deutsche Produkte, würden der Wirtschaft sicherlich sehr gut tun und die Zahl, der in der PV-Branche Beschäftigten, *„im Jahr 2012 ca. 100.000 Menschen in Deutschland"* (Wirth 2013, S. 27), würde sich durch unser Konzept höchstwahrscheinlich vervielfachen.

Neben den neuen Einkommensteuereinnahmen aus dem erreichten Wirtschaftswachstum und aus dem stetigen Eigenstromverkauf der Steckplatz-Teilnehmer, erhielte der Staat natürlich auch einen beträchtlichen Einnahmeschub aus der 19-prozentigen Mehrwertsteuer, welche beim Modul- und Batteriekauf und bei den Anteilskäufen der Windkraftanlagen anfällt. Mit den daraus resultierenden, geschätzten knapp einhundert Milliarden Euro, könnte auf einen Schlag ein Teil der Staatsverschuldung getilgt und die Zinslast dadurch etwas verringert werden.

Das Angehen dieses Projekts würde einen großen Imagegewinn für jede amtierende Regierung bedeuten, denn damit würde sie große Tatkraft beweisen und demonstrieren, dass sie den Willen hat, alle Menschen im Land gemeinsam mit ins Boot zu holen und mitzunehmen: Menschen, die viel investieren können und Menschen mit wenig Geld, Mieter, Hausbesitzer, Unternehmer, Arbeitnehmer. Die Regierung würde Wirtschaft und Nachhaltigkeit auf beste Weise miteinander kombinieren. Dass die Menschen im Land genau daran Interesse haben, zeigt der schnelle Ausbau von Solar-Dachanlagen (Stand 2012: 3,08 Mio. Solarstrom- und Solarwärmeanlagen [BSW – Bundesverband Solarwirtschaft 2013]) und die Entwicklung der Energiegenossenschaften, denn mittlerweile gibt es mehr als 600 in Deutschland (Agentur für Erneuerbare Energien 2012b).

Deutschland ist bereits Exportweltmeister bei vielen Produkten, wir könnten es aber dauerhaft auch noch beim Strom werden. Auf diese Weise würde sehr viel zusätzliches Geld ins Land fließen. Dass es sich um ein riesiges Geschäft handelt, wenn alle Haushalte der 81,8 Mio. Bürger Strom exportieren, ist offensichtlich. Der internationale Stromhandel wird ausdrücklich von der EU-Kommission gewünscht. Da wir uns in der geographischen Mitte der EU befinden, haben wir für diesen Handel einen eindeutigen Standortvorteil. Jedes Land Europas sollte eigentlich auch ein Interesse daran haben, zum Wohle ihrer Bürger, statt Kohle und Öl zu verbrennen oder Atommüll zu produzieren, sauberen Strom aus Deutschland zum fairen Preis einzukaufen. Die europäischen Nachbarländer importieren bereits jetzt Sonnen- oder Windstrom aus Deutschland, wenn das Wetter zu gewissen Zeiten bei uns für Überproduktion sorgt. Dieser Strom ist günstiger als der ihrige, in konventionellen Kraftwerken produzierte Kohle- oder Atomstrom. Durch das potentiell große Angebot an Solarstrom produziert über die Photovoltaik-Steckplatz-Felder käme es daher zu einer Steigerung beim Energieaustausch verglichen mit dem bislang erreichten Niveau des Energieaustausches zwischen den Partnerländern in der EU. Mit dem vorliegenden Konzept würden wir also noch zügiger die von der EU-Energie-Kommission gewünschte Richtlinie umsetzen und einen verstärkten grenzüberschreitenden Handel von Strom schaffen. Zusätzlich würden wir unseren Nachbarn dabei helfen CO_2 und Atommüll einzusparen.

Es ist also anzunehmen, dass auch nach außen hin der Imagegewinn für Deutschland sehr groß wäre. Wir würden etwas erreichen, was bisher für unmöglich gehalten wurde. Nämlich, Deutschland könnte, ohne über besondere Klima- oder Topographievorteile zu verfügen, das ganze Jahr über konstant saubere Grundlast- und Spitzenlastenergie liefern. Technisch kann dies mit der erwähnten Power-To-Gas-Methode erreicht werden. Wir können so Strom als Gas zwischenspeichern und später entweder das Gas oder den wieder zurückverwandelten Strom ausliefern – je nach Bedarf. Das riesige deutsche Gasnetz ist hier quasi unser selbstgeschaffener Standortvorteil. Indem wir den Stromfluss und somit auch den Preis stabilisieren, ist dann gewährleistet, dass die Stromlieferungen ins Ausland keinen allzu großen Schwankungen unterworfen sind und gleichzeitig wird erreicht, dass bei sehr sonnigem Wetter der Strompreis, aufgrund des vergrößerten Angebots an solchen Tagen, auch nicht unbedingt fällt (sollten die Power-To-Gas-Kraftwerke an stark sonnigen Tagen mit der Stromwandlung nicht schnell genug sein, könnten kurzfristig in- und ausländische Pumpspeicher zwischengeschaltet und der Strom könnte später nach und nach in Gas gewandelt werden).

Was den Finanzminister und den Haushaltsausschuss des Bundestages über die vorigen Punkte hinaus besonders freuen wird und was wir bisher in der Argumentation für die Umsetzung des Steckplatz-Konzepts feststellen konnten, ist, dass die Bundesregierung kaum finanziell unterstützend tätig werden muss, lediglich durch die Bereitstellung von KfW-Darlehen mit den günstigen Zinssätzen von 0,5-1 %. Das Konzept ist somit auf der Ausgabenseite sehr haushaltsverträglich. Hinzu kommt, dass es hier praktisch kein Gläubigerrisiko gibt, da die Deutsche Bundesregierung mit der Vergabe dieser Kredite das Steuergeld praktisch wieder bei ihren Steuerzahlern anlegt. Die Bundesregierung und die Steuerzahler können somit unisono sagen: Es gibt keine bessere Verwendung für Kredite und keine sicherere, als in der Vergabe an die eigenen Bürger!

Aus Bundessicht ist es natürlich ebenfalls erfreulich, dass die langen Nord-Süd-Trassen beim Netzausbau überflüssig würden und die eingeplanten Milliardensummen für andere

Verwendungen wieder frei wären. Für die Stromlieferungen ins Ausland könnten an den Grenzen alle ca. 100 km kleine „Übertragungspunkte" geschaffen werden, um die Leitungswege innerhalb Deutschlands weiterhin möglichst gering zu halten. Ansonsten wird der Strom in den Regionen verbraucht, wo er produziert wird, was die Netze zukünftig eher entlastet.

Ein erklärtes Ziel der deutschen Politik ist es bekanntlich, dass die Einspeisevergütung eingestellt werden soll, da sie mit derzeit 5,277 Cent/kWh in Form der EEG-Umlage zusätzliche Kosten für den Verbraucher verursacht. Unser Eigenverbrauchskonzept ermöglicht die sofortige Erreichung dieses Ziels, weil das System aus sich selbst heraus bereits rentabel ist und es somit ohne Einspeisevergütung funktioniert.

Da die Menschen dann ihren Eigenstrom produzieren, stellt sich die Frage, wer jetzt die EEG-Umlage bezahlt? Drei Vorschläge, die auch in Kombination angewendet werden könnten, um die bei der EEG-Umlage abgesprungenen aber jetzt Photovoltaik-Strom liefernden Haushalte zu kompensieren, sind folgende: Es wird für Stromkäufer an der Strombörse einen Börsenstrompreis-Aufschlag für den billigen Photovoltaik-Strom eingeführt. Sollte also PV-Strom für unter, sagen wir 5,3 Cent/kWh, gehandelt werden (mittlerer Börsenstrompreis führender europäischer Strombörsen von 01/2008-10/2012) (Küchler/Litz 2013, S. 4), zahlt der Käufer die Differenz bis zu diesem Wert in die EEG-Umlage-Kasse ein. Somit wird auch die Industrie beteiligt, aber niemand benachteiligt. Für die Haushalte, die nicht auf Eigenstrom umgestiegen sind, bräuchte somit die bisherige EEG-Umlage dann nur leicht oder gar nicht ansteigen. Als zweiter Vorschlag könnte auch ein Teil der Einkommensteuer aus den Stromverkäufen in den EEG-Umlagen-Topf fließen. Des Weiteren gäbe es noch die Möglichkeit, Anreize zu schaffen, dass heutige Anlagenbesitzer, welche eine Einspeisevergütung erhalten, zu Eigenverbrauchern werden, was ebenfalls zu einem Schrumpfen der EEG-Umlage führen würde. Diesen Punkt greifen wir im nächsten Kapitel nochmals auf.

Mit der Entscheidung zur Umsetzung des Steckplatz-Konzeptes würde Deutschland als Wirtschaftsstandort zudem eine bessere Allokation der Ressourcen vornehmen, als wenn beispielsweise der Schwerpunkt auf das berühmte Desertec-Projekt gesetzt würde. Dies gilt meiner Meinung nach im gleichen Maße auch für jedes Wirtschaftsunternehmen, das an Desertec beteiligt ist oder dies in Erwägung zieht. Dies soll jetzt aber nicht heißen, dass Investitionen in Desertec nicht sinnvoll sind, vielmehr, dass Investitionen von Kapital, Denkleistung und Arbeitskraft in das Steckplatz-Projekt noch sinnvoller und vorteilhafter sind. Hier eine kurze Erläuterung zu Desertec: Das Desertec-Projekt soll aus einer Anzahl von Einzelprojekten von Sonnen- und Windkraftwerken in Nordafrika und im Nahen Osten entstehen. Bei Investitionen von rund 400 Milliarden Euro soll ab dem Jahre 2050 dann etwa 15-20 % des europäischen Stromes durch das Projekt gedeckt werden. 80 % des Stromes soll in Afrika verwertet werden. Eigentlich eine löbliche Idee, allerdings sind es bis 2050 noch mehrere Jahrzehnte. Es ist auch noch nicht klar, wie teuer der Strom dann in Afrika verkauft wird und inwiefern sich die Menschen dort diesen Strom dann leisten können. Auch wird größtenteils auf Solarthermie-Technik gesetzt, welche im Preis-Leistungsverhältnis bereits von der Photovoltaik überholt wurde. Außerdem sind 15-20 % Strombedarfsdeckung für Europa nicht sehr viel im Vergleich zum Zeitrahmen, den es bis 2050 noch dauert. Darüber hinaus ist die politische Situation der Länder, in die investiert werden soll, nicht immer stabil und die Sicherheit für die Anlagen ist somit nicht unbedingt gewährleistet. Mit unserem Steckplatz-System kann jedoch der Strombedarf von ganz Europa in wenigen Jahren bereits gedeckt werden. Der benötigte Zeitraum liegt bei schätzungsweise 5 Jahren: diese beinhalten eine ca. zweijährige Planungs- und Testphase plus weitere drei Jahre für die Realisierung.

Folglich könnten die deutschen, an Desertec beteiligten Firmen einen früheren und verlässlicheren Gewinn machen, wenn sie ihre Teilbeträge der 400 Milliarden, statt bei Desertec, hier in Deutschland investieren würden, z. B. in die Effizienzsteigerung der Photovoltaik-Module und der Akkus. In einem weiteren Schritt könnte dann die effizientere Technologie nach Afrika und in den Nahen Osten und dort ebenfalls an Privatleute verkauft werden. In diesen Regionen könnte das Steckplatz-Konzept ebenso leicht Verwendung finden und im Gegensatz zur Desertec-Philosophie, die auf zentralen Großkraftwerken gründet, kämen die Ersparnisse und Erlöse bei den einfachen Menschen auch sicher an.

Was die Blackout-Ausfallsicherheit in Deutschland bei Einführung des Steckplatz-Prinzips betrifft, so ist ein großflächiger Stromausfall quasi ausgeschlossen, da für jeden Bürger der Strom, sozusagen, in unmittelbarer Nähe produziert wird. Niemand kann Deutschland von der Energie auch nur einen Tag abschneiden weil jeden Tag die Sonne aufgeht und genügend Licht und Wind für wieder neue Energie bei uns ankommt.

Es gäbe auch keine Energieabhängigkeit mehr von anderen Ländern. Dies ist besonders von Vorteil, da wir derzeit sehr viele Energierohstoffe von politisch instabilen Regionen beziehen bzw. von Regionen, die nicht unserem Standard, den wir an Menschenrechte anlegen, entsprechen. Bislang haben wir in Deutschland unvorteilhafterweise eine sehr hohe Importquote bei Energieträgern. Sie beläuft sich auf etwa 75 % (Umweltbundesamt 2012)!

> *„Die Arbeitsgemeinschaft Energiebilanzen hat ermittelt, dass 2010 rund 82 Prozent des Erdgases, 98 Prozent des Rohöls und 77 Prozent der Steinkohle aus dem Ausland stammten. Uran wird sogar zu 100 Prozent importiert. Damit ist Deutschland stark abhängig von Staaten, in denen die meisten konventionellen Energieressourcen lagern. Insbesondere die Öl- und Gasreserven konzentrieren sich auf relativ wenige Regionen wie den Nahen Osten oder Russland."* (Agentur für Erneuerbare Energien 2012c).

Diese Abhängigkeit und der Devisenabfluss kann der Vergangenheit angehören, sobald jeder deutsche Haushalt seine Photovoltaik-Module auf den Steckplatz-Feldern eingesteckt hat. Sollte dann vor allem im Sommer einmal zu viel Strom produziert werden, können über die Power-To-Gas-Speicherung die Gasreserven aufgestockt werden bzw. es kann stetig Energie exportiert werden. Das bedeutet, dass, wenn in Deutschland „zu viel" Strom produziert würde, dies so gut wie nie ein Problem darstellen wird. Der Strom muss nicht mehr, wie bisher immer wieder der Fall, verschenkt werden. So werden wir von einem bisherig abhängigen Energieträger-Importeur, mit einer Importquote von 75 %, zu einem Energieträger-Exporteur mit Gewinnen für Bürger, Unternehmen und den Staat und mit einer für alle Zeiten gesicherten Versorgungsperspektive.

Neben dem Export ins Ausland könnten die Privathaushalte Deutschlands, bei entsprechender PV-Modul- und Windkraftausstattung, auch die komplette deutsche Industrie, den Dienstleistungs- und Handelssektor, sowie die Verkehrsunternehmen komplett mitversorgen.

Natürlich kann der Wirtschaftssektor auch eigene Photovoltaik-Module aufstellen. Aktuell zahlen Industrieunternehmen zwar noch den günstigeren Industriestrompreis von 15,1 Cent/kWh (BDEW 2013b, S. 42), gegenüber dem durchschnittlichen Haushaltsstrompreis von 27,3 Cent/kWh, also haben sie es nicht ganz so eilig noch günstigere Energie zu beziehen, aber sobald die Unternehmen dann erkennen, dass das Steckplatz-System reibungslos funktioniert, werden sie höchstwahrscheinlich ebenfalls, schon rein aus Rentabilitätsgründen, auf den Zug aufspringen. Für die Industrie könnte es aber auch interessant sein, ihre Module z. B. in Spanien aufzustellen und per verlustarmer HGÜ-Leitung (Hochspannungs-Gleichstrom-Übertragung) den Strom wieder nach Deutschland zu übertragen. Wenn sich genügend Unternehmen die Kosten für den Leitungsbau teilen, kann sich das langfristig lohnen („*Jeder Kilometer HGÜ-Kabel kostet laut Branchenkreisen gut 1,5 Mio. Euro, offizielle Angaben dazu gibt es nicht...*" [Werner 2012]). Wenn die Industrie ihre PV-Module aber in Deutschland aufstellt, wäre es wichtig, da sie nicht verpflichtet ist die 19-Prozentige Mehrwertsteuer zu bezahlen, dass sie zumindest die Montagegestelle und die Landpacht komplett selbst finanziert. Plus die üblichen 120 kWh/kW-Peak Gebühren, sofern sie die Module vom Kreis betreuen lässt. Der Grund für die gesteigerte Beteiligung an der Infrastruktur ist der erhöhte Platzbedarf für, relativ betrachtet, wenige Teilnehmer: Bei einem Gesamtenergieverbrauch von 1.094 TWh für den Sektor Industrie sowie Gewerbe, Handel und Dienstleistungen in Deutschland (ermittelter für Stand für das Jahr 2011, [BDEW 2013a]), würden zu deren Bedarfsdeckung noch einmal etwa 3,9 % der Fläche des Bundesgebiets beansprucht (der Wert ist berechnet auf Basis der durchschnittlichen jährlichen Sonneneinstrahlung und variiert nach oben oder unten je nach Windkraftbeteiligungen der Unternehmen in ihrer Gesamtheit).

Der angesprochene Flächenbedarf stünde jetzt aber nicht einmal so sehr in Konkurrenz mit dem Flächenbedarf der Landwirtschaft wie man annehmen könnte. Die landwirtschaftliche Nutzfläche soll nämlich ohnehin verringert werden, denn es gibt aktuelle Pläne der EU, „*7% der Ackerflächen stillzulegen, das wären in Deutschland 600.000 Hektar*" (Wirth 2013, S. 35), was 1,7 % des Gebietes der Bundesrepublik entspricht, also bereits ein gutes Teilstück, der für die Photovoltaik-Felder notwendigen Fläche. Selbst mit Photovoltaik-Modulgestellen bestückt wären diese Solar-Felder aber immer noch sehr gut als Weidegrund für Schafe geeignet, welche gleichzeitig auch noch die „Mäharbeiten" übernehmen könnten.

Die Vorteile eines Landes, welches nur sauberen Strom benutzt und damit auch heizt und den Verkehr fließen lässt, sind nicht nur auf finanzieller, umweltpolitischer und gesundheitlicher Ebene vielfältig, sondern auch, und das ist nicht minder wichtig, auf der emotionalen Ebene. Unser Gespür für die Lebensqualität würde angesprochen, denn diese würde insgesamt in Deutschland steigen. Unser Land wäre dann nämlich ein Land, in dem man sich noch wohler, gesünder und sicherer fühlen kann. Wir hätten eine neue, positive Wahrnehmung unserer Umgebung sowie der Menschen um uns herum und einem neuen, positiven Lebensgefühl würde richtiggehend Schwung gegeben. Es würde auch das Umweltgewissen, das wir für die heutige Welt und für die Welt unserer Kinder und Kindeskinder haben, zumindest teilweise befrieden. Viele von uns haben dieses Gewissen bzw. Verantwortungsbewusstsein sehr stark, denn wir möchten nicht nur, dass es uns gut geht, sondern auch, dass es allen anderen gut geht. Bisher gab es wenige Möglichkeiten danach zu handeln, weil wir für unsere tägliche Versorgung mit Energie auf die eher umwelt- und gesundheitsschädliche Öl-, Kohle- und Atomindustrie quasi angewiesen waren. Mit unserem hier vorliegenden Steckplatz-Konzept können wir aber dann endlich jegliche Energie, die wir tagtäglich brauchen im Einklang mit der Natur selbst erzeugen. Ein beruhigendes und schönes Gefühl.

Wenn wir dann in Deutschland durch saubere High-Tech-Photovoltaik mehr Lebensqualität haben und dadurch zu noch ausgeglicheneren Bürgern werden, wird sich die Wahrnehmung unseres Landes im Ausland noch weiter verbessern und uns, so lässt sich spekulieren, dadurch auch mehr Zuzug von benötigten Fachkräften und Teilen der intellektuellen Elite aus dem Ausland ermöglichen.

Hier noch einmal zur Vervollständigung eine kurze Übersicht über die in vorigen Kapiteln bereits erwähnten Vorteile für unser Land:

- Die Kernkraft und damit verbunden auch ihre Risiken würden schneller komplett überflüssig. So auch nach und nach in den Nachbarländern.
- Es könnte in Deutschland noch mehr Atommüll eingespart werden als geplant – zusätzlich zu den Einsparungen durch den ohnehin beschlossenen Atomausstieg. Aufgrund der großen Menge an PV-Strom wäre nur noch eine geringe Auslastung der übrigen AKWs bis zur vollständigen Abschaltung notwendig, was eine weitere Reduzierung des anfallenden Atommülls bedeuten würde.
- Der deutsche unnatürliche CO_2-Ausstoß könnte, außer beim Flug- und Schiffsverkehr, auf nahezu Null gesenkt werden. In Deutschland hätten wir dann quasi keinen CO_2-Ausstoß mehr aus den folgenden drei Bereichen:

  - Stromwirtschaft: Das Ziel ist 0 % CO_2 durch 100 % erneuerbaren Strom aus effizienter inländischer Produktion zu erreichen, hauptsächlich über Photovoltaik und Windkraft, aber weiterhin auch über Wasserkraft, Biogas und Geothermie.
  - Wärmeversorgung: Wenn der Strom billiger wird aufgrund unseres Systems für Photovoltaik-Energie, wird heizen mit Strom sinnvoller und wirtschaftlicher. Teure, große Zentralheizungen und steigende Heizölpreise würden der Vergangenheit angehören, zugunsten von z. B. Infrarotheizungen, welche dann komplett CO_2-freien Strom verwenden.
  - Verkehr: Mit der Lawine des PV-Stroms könnte auch die Lawine der E-Autos endlich kommen. Dann wären sie einfach das modernere und preiswertere Angebot. Elektro-Autos wie der Nissan Leaf kosten im Verbrauch auf 100 km bezogen auf die Stromkosten jetzt schon nur 5,49 Euro (bei 20,1 kWh/100 km à 27,3 Cent/kWh [Houben 2012, S. 2]) und können völlig auf CO_2-Ausstoß im täglichen Betrieb verzichten. Die Elektromobilität beginnt im Individualverkehr flächendeckend wahrscheinlich aber zuerst auf zwei Rädern: Bisher gibt es nämlich schon mehr als 1 Mio. verkaufte E-Fahrräder in Deutschland. Immerhin gleiten mittlerweile aber auch ca. 50.000 Hybrid-KFZ und einige Tausend reine Elektro-KFZ über bundesdeutsche Straßen (Wirth 2013, S. 56). Was den Schwerlastverkehr anbelangt, so könnten bei unserem extrem günstigen PV-Strom die LKW-Ladungen dann auch vermehrt mit der Bahn transportiert werden – zum Wohle freierer Autobahnen!

- Eine positive Auswirkung unseres PV-Steckplatz-Konzeptes, die man nicht oft genug erwähnen kann, ist: endlich einfach gute und gesunde Luft in unseren Städten atmen zu können! Kennen Sie das Gefühl bisher auch nicht? Wie wäre das, wenn Verkehrsabgase und qualmende Kamine innerhalb der nächsten Jahre verschwunden wären? Gut, oder!? Städte wären dann genauso Oasen der frischen Luft, wie beinahe jeder der beliebten Luftkurorte Deutschlands!

Alle Aspekte zusammengefasst würde dies bedeuten, dass, wenn wir die Photovoltaik Steckplatz-Felder einführen, wir definitiv zum modernsten Energie- und Wirtschaftsriesen der Erde werden würden mit noch höherem Wohlstand und Lebensstandard als bisher. Sicherlich wären wir dann auch prädestiniert Weltmarktführer beim Export dieser Idee und der dazugehörigen Technik zu werden. Da dieses Modell schnell und einfach anwendbar ist von quasi allen Staaten der Erde, ob mit mehr Sonneneinstrahlung als bei uns oder nicht, zahlt es sich aus, wenn wir hier die Schnellsten am Markt sind und als erstes Land mit diesem

Konzept praktische Erfahrungen sammeln. Auf diese Weise können wir erprobte Produkte und Systeme, zusammen mit dem besten Know-How, direkt anbieten und liefern.

Die große Chance auch für Europa

Europas Bestreben die Lebensbedingungen der Menschen auf dem Kontinent zu verbessern begann in der Mitte des letzten Jahrhunderts mit dem Ziel, einen bleibenden Frieden zu etablieren und so das Leben höchstselbst der europäischen Einwohner zu schützen. Europa war und ist ein Garant des Friedens und völlig verdient wurde der EU in Anerkennung dafür im vergangenen Jahr 2012 der Friedensnobelpreis verliehen. Gleichzeitig arbeitet die EU auch daran, die Lebensumstände auf vielen weiteren Gebieten für alle Einwohner zu verbessern. Oft gibt es dabei natürlich Meinungsdiskrepanzen und der Fortschritt gerät immer wieder ins Stocken, aber prinzipiell wird versucht, allen Ländern Chancen zu eröffnen, miteinander vom großen Konstrukt Europa zu profitieren. Dieses „miteinander profitieren" ist sozusagen auch die Grundeigenschaft unseres Energiemodells!

Die Ausgestaltung, wie Europa am stärksten davon profitiert, kann verschiedener Art sein.

Variante 1: Ein paar wenige Länder führen Steckplatz-Felder ein und liefern Strom in andere Staaten, die dann nach und nach ihre konventionellen Kraftwerke zurückbauen und zukünftig weiterhin Strom aus ihren Partnerländern beziehen.

Variante 2: Jedes Land führt das Modell selbst ein und versorgt sich aus den eigenen Kapazitäten heraus.

Bei der zweiten Variante wird es sicherlich eine enorme Überproduktion von Strom geben, aber für Energie lassen sich immer Anwendungen finden, sei es zur Silizium- oder Aluminiumherstellung oder allgemein zur Metallherstellung und -verarbeitung, zur Meerwasserentsalzung und Bewässerung in den südlicheren Ländern, etc., etc.

Was unser Konzept der ganzen Welt an Nutzen brächte

Es gäbe hier wirklich einen Nutzen für die ganze Welt. Entscheiden Sie selbst, wie groß er sein kann.

Ein großer Vorteil des (Land-)Kreis-Steckplatz-Systems ist, dass es überall auf der Welt anwendbar und somit leicht exportierbar ist. Wie genau der Verwaltungsbezirk jeweils bezeichnet wird, der sich um das Management der Steckplatz-Felder in den verschiedenen Ländern kümmert, ist unerheblich. Wichtig ist, das Prinzip funktioniert genauso in einem städtischen und dicht besiedelten Raum, wie auch in einem minimal besiedelten Gebiet, welches zudem sogar von jeglichem nationalen Stromnetz abgekoppelt liegen kann.

Die Voraussetzung, dass das Modell überall anwendbar und rentabel ist, haben wir zu einem großen Teil in Deutschland geschaffen. Durch unsere massenhafte Nachfrage und der daraus resultierenden Massenproduktion haben wir den Preis für Photovoltaik gesenkt und zwar soweit, dass es sich auch Menschen, die weniger Vermögen haben, in Afrika, Asien und überall auf der Welt, jetzt leisten können, ihren eigenen Strom in Massen zu produzieren. Erforderlich ist allerdings, dass diese Menschen ihre Photovoltaik-Module ebenfalls monatlich günstig finanzieren können.

Sofern diese einzige Vorbedingung der Finanzierung also gegeben ist, können die Menschen ortsunabhängig eine Energieversorgung einrichten, welche es ihnen ermöglicht, Industrien verschiedenster Arten am jeweiligen Ort entstehen zu lassen. Denn nur mit Strom kann so produziert werden, wie im einundzwanzigsten Jahrhundert üblich – ob jetzt die allerneusten Maschinen zur Verfügung stehen oder ob sie gebraucht sind – ohne Strom verbleiben die Menschen zwangsläufig sozusagen im achtzehnten Jahrhundert.

Mit unserem Modell kann auch in eigentlich zu heißen und daher wenig fruchtbaren Gegenden für einen landwirtschaftlichen Boom gesorgt werden. Durch die Kombination von Meerwasserentsalzung und Bewässerung mit Hilfe elektrischer Entsalzungsanlagen und Pumpen können neue Agrar-Oasen und Kornkammern in ansonsten von Unterernährung gekennzeichneten Regionen geschaffen werden.

Wenn die Menschen dann in Gebieten, die bisher verarmt waren oder nur geringen Wohlstand hatten, auf einmal eine, wenn auch zuerst kleinere, wirtschaftliche Lebensgrundlage haben, diese aber wächst und weiteren Wohlstand in Aussicht stellt, dann haben sie etwas, was sie weiter aufbauen, pflegen und beschützen wollen. <u>Dies sind echte Wurzeln der Stabilisierung von Regionen, die vorher instabil waren.</u> Verzweiflung und Existenzängste weichen zugunsten von Hoffnung und Zuversicht auf eine gesicherte und angenehme Zukunft. Die Menschen beginnen sich mehr für Bildung zu interessieren und mehr wirtschaftliches Wachstum wird folgen. Eine gebildete Mittelschicht kann entstehen, welche Interesse an einer stabilen Demokratie und an einem fairen Rechtsstaat hat, um die eigenen, erwirtschafteten Güter und Freiheiten zu schützen. Aus europäischer Sicht würde das bedeuten, wir bekämen mehr Partner auf Augenhöhe, welche gleichzeitig auch interessante Absatzmärkte für uns werden können.

Generell kann man dann auch schlussfolgern, dass es weniger Auswanderung, z. B. nach Europa, geben wird. Viele Gebiete, die jetzt noch arm sind und bis heute den dortigen Bewohnern leider keine ausreichende Perspektive geben konnten, werden dank Photovoltaik-Steckplätzen eine Basis bekommen, auf der sie weiter aufbauen können.

Eine ganz wichtige Errungenschaft für die Welt wäre auch, dass Kriege um Energie der Vergangenheit angehören können! Jeder Staat wird ausreichend Energie durch die eigenen Haushalte produzieren. Unser Stromkonzept, das zur Schaffung von günstigem und sauberem Strom im Überfluss gedacht ist, kann nebenbei also auch noch Frieden und Stabilität in viele Regionen bringen. Dieses Nebenprodukt wäre somit ein noch größeres Geschenk als der eigentliche Ursprungsnutzen des Modells.

Kapitel 3

Die Schritte zur Umsetzung des Steckplatz-Konzepts

Im Augenblick ist das in diesem Buch beschriebene Konzept nur eine Idee, aber es ist eine Idee, mit der wir den Strompreis dritteln können. Daher wäre die Umsetzung für die Gesellschaft in Deutschland und in anderen Ländern mehr als vorteilhaft. Der ideale Weg wäre, wenn das Konzept als zu realisierendes nationales Infrastrukturprojekt im Bundestag von mehreren Abgeordneten oder einer Fraktion eingebracht würde.

Ein großes Projekt wie dieses will sehr gut durchdacht, diskutiert und getestet sein. Alle öffentlichen Stellen, die in irgendeiner Form von diesem neuen Energiesystem bei der Verwirklichung berührt werden, müssen gehört werden. Genauso sollen die Bürger angehört werden.

Dieses Projekt soll so transparent wie möglich sein. Mit einem offenen Dialog zwischen Politik und Bürger anhand dieser Unternehmung ist auch die Chance verbunden, das Image aller Parteien bei ihren Wählern nachhaltig zu stärken. Die Menschen wollen teilhaben und sie wollen mitgenommen werden.

Wenn diese Idee sich also verbreitet hat und bis zum Bundestag vorgedrungen ist, können die weiteren Schritte zur Umsetzung in der Reihenfolge wie folgt aussehen:

1. Beratung und Kompetenzverteilung im Bundestag
2. Beginn der Planung in einem Ausschuss des Bundestages, Auswahl einer Expertenkommission durch den Ausschuss und Schaffung der Rahmenbedingungen
3. Detaillierte Planung der Umsetzung durch die Expertenkommission, Planung der Werbung und der ständigen Information über das Projekt, Auswahl der Test-(Land-)Kreise und die Durchführung der Feldtests
4. Ergebnisdiskussion im Ausschuss und im Plenum des Bundestages und Abstimmung zu offenen Beschlusspunkten dort
5. Umsetzung im Großmaßstab
6. Ständige Nachkontrolle und Anpassungen, wenn nötig

1. Beratung und Kompetenzverteilung durch den Bundestag

Das Photovoltaik-Steckplatz-Konzept wird als Vorschlag zur bundesweiten Einführung im Bundestag eingebracht. Dies kann entweder durch eine Fraktion oder mehrere Abgeordnete über Fraktionsgrenzen hinweg geschehen. Es folgt eine offene Diskussion im Plenum, an deren Ende ein Ausschuss bestimmt wird, der die Umsetzung in die Wege leitet und voranbringt.

2. Beginn der Planungen in einem Ausschuss des Bundestages

Bei der Frage, welcher Ausschuss für den Auftrag der Planung und Umsetzung der geeignetste ist – so wäre dies, von der thematischen Gewichtung her, am besten der Ausschuss für Wirtschaft und Technologie.

Nichtsdestotrotz berührt unser Energie-Konzept die Kompetenzbereiche verschiedener Ministerien, die alle im verantwortlichen Ausschuss gehört werden müssen. Diese Ministerien sind neben dem Bundesministerium für Wirtschaft und Technologie, das Bundesministerium für Umwelt, Naturschutz und Reaktorsicherheit, das Bundesministerium für Verkehr, Bau und Stadtentwicklung sowie das Bundesministerium für Ernährung, Landwirtschaft und Verbraucherschutz.

Ebenso wird die Kompetenz von verschiedenen Behörden benötigt. Deshalb ist es wichtig deren Sachverständige ebenfalls anzuhören. Unter anderem gemeint ist hier die Bundesnetzagentur für Elektrizität, Gas, Telekommunikation, Post und Eisenbahnen. Kommunale Verbände müssen ebenfalls beteiligt werden, wie z. B. der Deutsche Landkreistag und der Deutsche Städtetag. Darüber hinaus sind thematisch verwandte Agenturen mit Bundesbeteiligung sehr sinnvolle Ratgeber, wie z. B. die Deutsche Energie-Agentur GmbH (dena).

Auswahl einer Expertenkommission

Nach dieser Beratungsrunde soll eine breite Expertenkommission zur Detailplanung des Großprojekts und zur Durchführung der Feldtests ausgewählt werden. Sie soll wissenschaftlich u.a. eruieren, welches die effizientesten technischen Systeme sind, welche die praktikabelste Organisationsform später für die Kreise ist, wie die Bürger am besten einbezogen, informiert und betreut werden, etc.

Hier einige Vorschläge aus welchen Bereichen und Institutionen die einzelnen Experten kommen könnten: Projektierer aus der Solarbranche, Hersteller von Photovoltaik-Modulen, Montagegerüsten, Steuerungssystemen und Akkus, Mitglieder des Landkreis- und des Städtetages, Stadtwerke, Energiegenossenschaften, Netzbetreiber, dena, Fraunhofer-Institut u.ä. Institute, Universitäts-Professoren aus den Bereichen Energie, Volkswirtschaft, Betriebswirtschaft und Marketing, etc.

Mitarbeiter und Vertreter konventioneller Energiekonzerne sind aufgrund des Verlustes ihres Oligopols durch dieses Konzept und somit wegen eher gegensätzlicher Interessen mit Vorsicht zu genießen. Sie sind aber trotzdem als sachverständige Personen einzubeziehen.

Schaffung der Rahmenbedingungen

Der Ausschuss kümmert sich auch um die Schaffung der Rahmenbedingungen, die für die Umsetzung notwendig sind. So gibt es verschiedene politische und gesetzliche Fragestellungen, die behandelt werden müssen:

- Aktuell steht zum Eigenverbrauchsstrom im EEG-Gesetz, dass dieser in „unmittelbar räumlicher Nähe" (§ 33 [2] EEG 2009) erzeugt werden soll. Hier müsste die Formulierung im Bezug auf die Steckplätze dahingehend angepasst werden, dass der erzeugte Eigenverbrauchsstrom ebenfalls als solcher gilt, auch wenn sich das Steckplatz-Feld (mit den persönlichen Photovoltaik-Modulen) nicht in unmittelbar räumlicher Nähe des Eigenstromverbrauchers befindet.

- Als Eigenverbrauchsstrom im weiteren Sinne sollte vor dem Gesetz auch der in diesem Buch beschriebene „Tauschstrom" gelten, d.h. bei Bezug sollten keine Abgaben, Umlagen oder Steuern auf diesen Strom gezahlt werden müssen.

- Die Frage, wer die EEG-Umlage weiter bezahlt, wenn jeder bis zu 90 oder 100 % eigenen Strom produziert, haben wir in Kapitel 2 bereits angesprochen. Um diese Umlagekosten zu bedienen, gäbe es eine Reihe von möglichen Maßnahmen.

Eine Maßnahme wäre der schon erwähnte Börsenstrompreis-Aufschlag für den billigen Photovoltaik-Strom (bis zur Höhe etwa des durchschnittlichen Börsenstrompreises), welcher vom stromkaufenden Unternehmen zu entrichten ist.

Als weitere bereits angesprochene Möglichkeit könnte auch ein Teil der Einkommensteuer, die für die Gewinne aus dem Stromtausch oder -verkauf anfällt, für die EEG-Umlage verwendet werden.

Ein weiteres Werkzeug ist, dass aktuellen Beziehern von Einspeisevergütungen, durch eine entsprechende Anstatt-Vergütung, Anreize geboten werden könnten, damit sie auf die zukünftigen Vergütungsbeträge des Einspeisevertrages verzichten. Wie kann das für alle Parteien fair funktionieren? Der „Wechselbonus" in dem hier dargelegten Vorschlag würde sinnvollerweise in PV-Modulen und Batterien ausbezahlt: Der „Einspeiser", der zum Eigenverbraucher wird, bekommt so viele Module geschenkt, dass er seine bisherige Geld-Rendite mit den erhaltenen Modulen, quasi in gesparten Kilowattstunden, erwirtschaften kann.

Beispiel: Nehmen wir an, die bisherige Rendite des Einspeisers ist 500 Euro pro Jahr. Dann bekäme er als „Anstatt-Vergütung" so viele PV-Module (für die Installation auf den Steckplätzen), dass sie ihm, beim aktuellen Haushaltsstrompreis, diese 500 Euro jährlich einsparen würden. Wir rechnen: 500 Euro geteilt durch 27,3 Cent/kWh (Haushaltsstrompreis am Jahresanfang 2013), ergibt: 1.831,5 kWh. Also bekäme er Module, die ihm 1.831,5 kWh pro Jahr produzieren. Für Norddeutschland würde das bedeuten, 1.831,5 kWh / [900 kWh „Stromgewinnungsmenge in Norddeutschland pro kW-Peak" + 30 % Mehrertrag durch Sonnennachführung – 187,85 kWh Steckplatz-Gebühren (Steckplatz-Gebühren wurden im zweiten Schritt berechnet aus 120 kWh/kW-Peak Gebühren)] = 1,86 kW-Peak Modulmenge als Wechselbonus. In Euro ausgedrückt wären dies Photovoltaik-Module im Wert von 954,21 Euro. Als zusätzlichen Anreiz bekommt der Wechselwillige noch die Batterien dazu geschenkt damit er den Strom auch nachts verwenden kann. Nötig wäre hier eine Batterie mit mindestens 2 kWh Wiedergabekapazität (bei 40% Abendverbrauch), d.h. 1.309 Euro an Batteriekosten (wie in unserem Beispiel im ersten Kapitel). Wie gesagt, damit hat der Wechselwillige 1.831,5 kWh Eigenstrom pro Jahr zusätzlich, tags und nachts verfügbar, auf die Zeit der Lebensdauer der Module und der Batterien. Zusätzlich hat er dann die kWh seiner bisherigen Anlage, welche sich leicht auf mehrere tausend belaufen können, für den Eigenverbrauch zur Verfügung. Für die Seite der EEG-Umlage-Zahler ist dies viel günstiger als bis zu 20 Jahre lang jedes Jahr 500 Euro für diese exemplarische Einspeiseanlage zu finanzieren. Auf der anderen Seite macht es für den bisherigen Einspeiser keinen Unterschied im Bezug auf die Rendite (um zu vermeiden, dass die Entscheidung zum Wechsel zu weit in die Zukunft verschoben wird, würde für jedes Jahr, das der Einspeisevertrag schon läuft, ein Zwanzigstel des angebotenen Wechselbonuses abgezogen).

Eine weitere Geldquelle zur EEG-Umlage-Finanzierung könnte erschlossen werden, indem sich die Energiekonzerne an den Kosten für Atommülllagerung und CO_2-Ausstoß maßgeblicher beteiligen, statt dass diese von den Normalbürgern über ihre Steuern getragen werden müssen. Zumindest für die Restlaufzeit der noch bestehenden Atom- und Fossilkraftwerke hätten die Steuerzahler so noch die Chance etwas wieder zurück zu bekommen. Die frei werdenden Steuermittel könnten für die EEG-Umlage genutzt werden, falls das unter Berücksichtigung der oben erwähnten Maßnahmen überhaupt noch nötig ist.

- Als weitere Rahmenbedingung sollte die Dumping-Klage der europäischen Solar-Hersteller, die am 04.06.2013 zu einem Beschluss der EU-Kommission führte, welcher Strafzölle gegen chinesische Import-Module vorsieht, weiter beobachtet und eventuell unterstützt werden. Gegebenenfalls sollte geprüft werden, falls der Beschluss wieder aufgehoben werden sollte, ob auf nationaler Ebene „Anti-Dumping-Zölle" für derartige Importware notwendig und möglich sind.

Anti-Dumping-Zölle auf Module von außerhalb der EU, z. B. auf chinesische PV-Paneele, sind sinnvoll, damit nicht auf einen Schlag die Gelder, die in Deutschland für PV-Module ausgegeben werden und in der Höhe gleichbedeutend sind mit den Ausgaben für mehrere Jahre Energiegewinnung in unserem Land, einfach ins Ausland gehen statt in die heimische Wirtschaft zu fließen. Da chinesische Module zwischenzeitlich z. T. unter dem Herstellerpreis von China aus verkauft wurden (um Überkapazitäten in chinesischen Fabriken abzubauen und globale Marktverbreitung zu erhalten), könnte das als ein aktuell unlauterer Wettbewerb bezeichnet werden. Dies sollte durch Zölle so korrigiert werden, dass ein fairer Preisvergleich mit deutschen Modulen möglich ist. Ziel hierbei sollte es sein, dass die chinesischen Module zum „eigentlichen" Herstellerpreis (inklusive Transportkosten) angeboten werden.

- Um das Steckplatz-Konzept bei der Bevölkerung kurzzeitig anzustoßen und Pionier-Käufer nicht relativ gesehen zu benachteiligen, sollten diese für ihre Vorreiterrolle belohnt werden. Und zwar, indem sie quasi heute bereits nur den Betrag für ihre PV-Module zahlen, welchen sie nach etwa zwei Jahren weiterer technologischer Entwicklung auch nur zahlen würden. Sprich, sie kaufen heute und zahlen aber den günstigeren Betrag von zwei Jahren in der Zukunft. So würde eine kritische Masse an Pionieren eher gleich kaufen, statt auf weitere Vergünstigungen zu warten. Im ersten Jahr könnte man z. B. pro zehn gekaufter Module zwei gratis hinzugeben (Gratis-Produkte sind im Allgemeinen bei den Kunden immer beliebter und haptischer als bloße Preisreduktionen). Finanziert werden könnte dieser Anreiz aus einer der oben beschriebenen Maßnahmen zur EEG-Umlagen-Tilgung, wobei dieser Anreiz für den Staat letztendlich sogar kostenlos ist, da umgerechnet und vereinfacht ausgedrückt nur auf die 19-prozentige Mehrwertsteuer für die Module während eines begrenzten Zeitraums verzichtet wird.

- Der Ausschuss sollte auch klären, ob neue internationale Verträge mit den Nachbarländern für die Stromzwischenspeicherung in deren Pumpspeicherkraftwerken notwendig sind bzw. könnte Rabatte verhandeln basierend auf der eventuell in Anspruch genommenen Menge an Kapazitäten.

3. Detaillierte Planung der Umsetzung durch die Expertenkommission

Die detailliertere Planung wird von der Expertenkommission übernommen. Wenn sie abgeschlossen ist, wird sie zur Diskussion wieder dem Bundestagsausschuss vorgestellt.

Dieses Buch soll als Konzept der detaillierten Planung dienen. Um die ehrgeizige Unternehmung in die Tat umzusetzen, werden die hier beschriebenen Infrastrukturen und Prozessabläufe sozusagen als „Blaupause" empfohlen.

Natürlich wird es, im erhofften Fall der Umsetzung, vor, während und nach den Feldtests noch viele zusätzliche und optimierende Ideen vieler Beteiligter geben. Die Expertenkommission, zusammen mit dem Ausschuss des Bundestages, wird sich dann idealerweise jedes Vorschlags zur Evaluierung annehmen.

Planung der Werbung und der ständigen Information über das Projekt

Die beiden Hauptziele der Kommunikation sind erstens, dass die Bürger über das Vorhaben umfassend informiert sind, und zweitens, dass sie das Vorhaben auch auf breitest möglicher Basis annehmen und daran teilnehmen. Der Kommunikationsplan, den die Expertenkommission aufstellt, muss daher die Menschen aufklären und sie in Bezug auf das Projekt weiterbilden. Er muss die Menschen immer über den aktuellen Status des Ausbaus und der Entwicklungen informieren und darüber hinaus muss er begeistern, sprich Interesse und Motivation für das Vorhaben wecken.

Es wird folglich idealerweise zwei dauerhaft angelegte Kampagnen geben, die ineinander übergehen und sich gegenseitig unterstützen: Eine Informations- und eine Werbekampagne.

Die Werbungs- und Informationsangebote sollen in allen gängigen Medien, d.h. Fernsehen, Radio, Print und Internet vertreten sein. Speziell im Internet soll der Teilnehmer gut strukturiert alle Informationen finden, die ihn interessieren könnten.

Die Bürger sollen bereits zu einem möglichst frühen Zeitpunkt vor der Markteinführung einbezogen werden, damit diese erfolgreich verlaufen kann. So könnte beispielsweise die Durchführung der Feldtests als Fernsehdokumentation festgehalten und in mehreren Episoden in diversen Wissenssendungen gezeigt werden. Vor der deutschlandweiten Einführung können die Bürger auf diese Weise mit dem Steckplatz-System vertraut gemacht werden.

Die finanziellen Mittel für die Werbemaßnahmen können entweder vom Bund oder natürlich von den Interessenverbänden, wie dem Bundesverband Solarwirtschaft e.V. (BSW) oder dem Bundesverband Energiespeicher (BVES) und von vielen anderen mehr bereitgestellt werden.

Wenn wir uns nun über die Werbebotschaft Gedanken machen, kommt Hilfe aus unerwarteter Richtung: Es sind die hohen Preise für die konventionellen Energieformen, welche die besten Argumente für die Teilnahme der Bürger an den Steckplatz-Feldern liefern. Wer hätte gedacht, dass der teure aktuelle Haushaltsstrompreis und die hohen Benzin- und Heizölkosten auch etwas Positives haben, aber sie machen unsere Lösung attraktiver und tragen somit ungewollt zu einem schnelleren Wechsel der Bürger hin zu den Eigenstrom-Steckplätzen bei.

Welche Argumentationspunkte sind noch zu berücksichtigen, wenn die Werbebotschaft entwickelt wird? Es gibt zweifelsohne noch viele weitere Vorteile, die in die Kommunikation einfließen können, z. B., dass die Module und Windkraft-Anteile für jeden Haushalt genügend Energie liefern; dass sie dies jeden Tag tun und über viele Jahrzehnte hinweg; dass die Energieversorgung so sicher ist, so sicher wie es am nächsten Tag wieder hell wird und die Sonne aufgeht; dass die Kreisverwaltung sich um alles kümmert; dass es eine Gemeinschaft von Stromtauschern gibt; dass die Steckplatz-Felder der Grund sind, warum Photovoltaik-Strom ab jetzt so günstig ist; dass die Teilnehmer die Stromrechnung auf den gewünschten Betrag selbst verkleinern können, dank der Finanzierung, und sie sich deswegen viele andere Dinge stattdessen kaufen können; dass es der Staat ist, der dies alles für seine Bürger ermöglicht und; dass ein schöneres Lebensgefühl und ein befriedigtes Umweltgewissen Einzug halten können, etc.

Die Menschen können dies alles ganz einfach erhalten. Sie brauchen nur zu ihrem Service-Büro bei der Kreisverwaltung zu gehen und sich eingehend beraten zu lassen. Dort können sie dann auch die Photovoltaik-Module bestellen und, wenn sie möchten, dabei sein, wenn diese auf den Steckplatz-Feldern eingesteckt werden. Ab diesem Zeitpunkt haben sie dann ihre eigene Stromtankstelle für ihren Verbrauch, ihren Wärmebedarf und ihr Elektro-Auto. Sie sparen sich damit zwei Drittel all Ihrer Energiekosten – egal ob sie Mieter sind oder Hauseigentümer. Obendrein können sie stolz sein, beim größten Saubere-Energie-Projekt der Menschheit maßgebend beteiligt zu sein.

Dies sind also bereits sehr viele Vorteile, die man als Werbetext für Radio- oder Fernsehspots wie folgt formulieren könnte.

Beispiel 1:

Die Bundesregierung hilft Ihnen jetzt Ihren Strompreis zu dritteln mit dem größten Saubere-Energie-Projekt Europas und der Welt!

Versorgen Sie sich ab jetzt mit so viel Energie wie Sie wollen – für Ihren Haushalt, Ihre Heizung und Ihr Elektro-Auto und das jeden Tag für alle Zeiten – mit größter Versorgungssicherheit, gewährleistet durch die Sonne mit ihrem täglichen Licht und – gewährleistet durch Ihre Kreisverwaltung vor Ort.

Finanzieren Sie jetzt Ihre Photovoltaik-Module, Batterien und Windkraftanlagen-Anteile für Ihren 9-Cent-pro-kWh-Eigenstrom zu sehr günstigen 0,5 % Zinsen beim Staat!

Lassen Sie dann einfach Ihre Module und Batterien, auf den neuen Steckplatz-Feldern Ihrer Kreisverwaltung einstecken und profitieren Sie vom Strom Ihrer eigenen Strom-Tankstelle oder tauschen Sie ihn gewinnbringend in Ihrer Kreisgemeinschaft.

Die Gebühren in Form von nur 120 kWh pro installiertem kW Leistung und Jahr holen Sie vorteilhafterweise durch die Sonnennachführungstechnik, welche die Steckplatz-Felder bieten, bis zum Dreifachen wieder herein.

Dank der von Ihrem Kreis gestellten Infrastruktur haben Sie also mehr Ertrag als bei einer Anlage ohne Sonnennachführung. Und trotzdem haben Sie viel weniger Kosten, da Sie nur die bloßen Module und Batterien erwerben, welche Sie sogar zum günstigen Herstellerpreis erhalten – garantiert! Montage, Wartung und Pflege der Anlagen werden für Sie natürlich ebenfalls übernommen.

Sie sparen also am Ende ganze zwei Drittel gegenüber dem konventionellen und stetig wachsenden Haushaltsstrompreis von aktuell durchschnittlichen 27,3 Cent pro kWh. Das heißt, bestimmen Sie selbst, durch kleine Raten, wie niedrig Ihre monatlichen Energiekosten sein sollen. Somit bleiben diese immer stabil und günstig für alle Zeiten in der Zukunft.

Und wenn Sie sich bis zum -Datum- entscheiden, erhalten Sie beim Kauf von 10 Photovoltaik-Modulen zusätzlich 2 Module gratis extra! Mit diesem Extra-Geschenk wollen wir Ihnen danken, dass Sie als Vorreiter und Vorbild, zusammen mit uns, den Weg in eine neue, günstige und saubere Energiezukunft anführen.

Rufen Sie jetzt an oder besuchen Sie die deutschlandweite Informations-Website unter www...

Beispiel 2:

Sparen Sie ab jetzt zwei Drittel Ihres Strompreises und fixieren Sie ihn auf diesem niedrigen Niveau für bis zu 30 Jahre! Wie das geht? Finanzieren Sie einfach Ihre eigenen Photovoltaik-Module, Batterien und Windkraftanlagen-Anteile, die Sie bei Ihrem Kreis zum günstigen Hersteller-Preis erwerben können und wo Ihre Module und Batterien auch einfach „eingesteckt" werden. [Ganz wichtig: Es soll so einfach klingen wie es tatsächlich ist.]

Ihr Kreis stellt die komplette Infrastruktur für günstige 120 kWh-Gebühren pro kW installierter Leistung und Jahr zu Verfügung. Da die 120 kWh-Gebühren über die Sonnennachführungstechnik des Kreises bis zu dreifach wieder hereingeholt werden, ist das Benutzen der Infrastruktur sozusagen gratis.

Mit Ihren Nachtspeicherbatterien steht Ihnen dann rund um die Uhr Ihr günstiger Eigenstrom zu durchschnittlich etwa 9 Cent pro kWh zur Verfügung.

Kontaktieren Sie Ihr Service-Büro vor Ort. Dort erfahren Sie alles über Photovoltaik-Module, Nachtspeicherbatterien und Windkraftanlagen-Anteile.

Noch ein Riesenvorteil: Es ist egal ob Sie Hauseigentümer sind oder Mieter, der Strom fließt zu Ihrem Stromzähler, in Ihre Wohnung.

Im Service-Büro können Sie die Photovoltaik-Module und die Nachtspeicherbatterien, wie gesagt, zum Herstellerpreis (!) über ein günstiges 0,5 % KfW-Darlehen der Bundesregierung erwerben und finanzieren. Was sagen Sie jetzt? Sind Sie interessiert?

Und das Beste: Im Pionier-Jahr erhalten Sie beim Kauf von 10 Modulen noch gratis 2 Module extra – aber nur bis -Datum-!

Also, dritteln Sie ab jetzt Ihre Energiekosten und machen Sie sich unabhängig von kommenden Strompreissteigerungen! Denn Haushalte, die noch konventionellen Strom beziehen, zahlen im Durchschnitt heute schon 27,3 Cent pro kWh. Mit Ihren eigenen Photovoltaik-Modulen betragen die Kosten pro kWh im Durchschnitt weniger als 9 Cent. Beziehen Sie also die eigene Energie!

Übrigens: Da Sie keinen Fremdstrom verbrauchen, fallen die EEG-Umlage und viele weiteren Steuern und Abgaben für Sie einfach weg.

Rufen Sie also gleich an oder besuchen Sie die deutschlandweite Informations-Website unter www...

Das waren nun zwei Bespiele von möglichen Vorteilsargumentationen, um sich besser vorstellen zu können, wie es nachher in den Medien klingen könnte. Wenn wir dann das Radio oder das Fernsehgerät einschalten und dort gerade Werbung für unser vorbildliches Energieprojekt läuft, können wir zurecht stolz auf uns und unser Land sein, dass wir es geschafft haben.

Auswahl der Test-(Land-)Kreise

Die Kreise sollen sich als Test-(Land-)Kreise für die probeweise Einführung des Steckplatz-Systems selbst bewerben können. Eine Bewerbung durch den Kreis selbst deutet bereits auf eine starke Aufgeschlossenheit für erneuerbare Energien der beteiligten Kommunen hin – was natürlich gewünscht ist. Wenn eine engere Auswahl der sich bewerbenden Kreise steht, sollen auch deren Bürger repräsentativ befragt werden dahingehend, wie „vorab-interessiert" ebenfalls sie sind.

Aus den Bewerbern werden dann die zwei idealen Kreise ausgewählt, mit deren Hilfe die Feldtests von den Experten durchgeführt werden.

Durchführung der Feldtests

Die Feldtests sind von enormer Bedeutung, um vor der großen Einführung wichtige Erfahrungen zu sammeln. So sollen sie insbesondere Aufschluss geben über die beste Art der Organisation der Prozessabläufe vor Ort, über die effizientesten zu verwendenden Technologien und über die beste Form der Kommunikation mit den Teilnehmern.

Einige Vorschläge zu den Rahmenbedingungen der Tests:

- Für die Feldtests empfiehlt es sich, dass die Expertengruppe geteilt wird und sich somit zwei, von den Kompetenzen her gleich aufgebaute Teams, um je einen der beiden Test-(Land-)Kreise kümmern. Es ist dabei wichtig, dass sich beide Teams immer wieder über ihre Erfahrungen während des Tests austauschen. Durch die Untersuchung unter Einsatz zweier Teams ergibt sich der vorteilhafte Effekt, zwei unterschiedliche Blickwinkel auf das Projekt zu erhalten. Eventuell entsteht auch so etwas wie ein „sportlicher Wettkampf" zwischen den beiden Gruppen, was den Entwicklergeist anspornen kann und insgesamt zu einem noch aussagekräftigeren Testergebnis führen soll.

- An die Test-Kreise soll klar kommuniziert werden, dass das System der Steckplätze, welches bei ihnen für den Test angeboten wird, auch in Zukunft bestehen bleibt (vertraglich zugesichert, jedem Bürger gegenüber – wie es später in der bundesweiten Umsetzung ebenfalls sein soll). Dies ist von Bedeutung, damit sich die Einwohner nicht Gedanken machen müssen in der Form: *Wird das Steckplatz-Feld auch in Zukunft immer betreut oder nur für eine zeitlich begrenzte Testphase? Welche Sicherheit habe ich, wenn ich mein Geld bereits in der Testphase des Projektes investiere?*

- Während dann die Infrastruktur für den Test geschaffen wird, sollen die Bürger ständig über den Projektfortschritt mit Hilfe der lokalen Medien informiert werden. Parallel dazu sollen die Bürger auch eingeladen werden, aktiv eigene Vorschläge zu machen und Feedback zu geben, wie sie die Umsetzung erleben. Die Vorschläge und das Feedback werden dann konstant von den Expertenteams ausgewertet.

- Es soll den Bürgern außerdem klar vermittelt werden, dass die Teilnahme am Steckplatz-System kein Muss, sondern ein Angebot ist.

- Sehr wichtig für den Test ist weiterhin, dass die Photovoltaik-Module für die am Test teilnehmenden Bürger genauso billig sein sollen wie sie in der Zukunft zum geschätzten großflächigen Einführungstermin den Erwartungen nach sein werden. Um dieses Ziel zu erreichen, soll für die Test-Teilnehmer in entsprechendem Rahmen subventionsmäßig eingegriffen werden, damit sie als „Vor-Pioniere" keinen Nachteil gegenüber den erst zu einem späteren Zeitpunkt investierenden Bürgern deutschlandweit haben. Sollte also der nationale Einführungstermin genau ein Jahr später sein, kann von einer Vergünstigung von 10-20 % ausgegangen werden, welche den Test-Teilnehmern nach dem Kauf, bzw. bei der Finanzierung erstattet werden sollen.

- Die Durchführung der Feldtests soll, wie erwähnt, als Fernsehdokumentation festgehalten werden. Vor der deutschlandweiten Einführung können die Bürger durch diese Berichterstattung umfassend über das Steckplatz-System informiert und zielführend dafür interessiert werden.

An dieser Stelle noch ein paar interessante Elemente, auf die ein besonderes Augenmerk während der Testphase gerichtet werden soll. Sie sollen von den Expertenteams auf Praktikabilität geprüft werden. Hierbei ist wichtig, dass die Experten auch während der Testphase Anpassungen vornehmen können und sollen.

- Anstelle von kleinen Batterielösungen kann im Test auch geprüft werden, ob großtechnische Speichereinheiten noch effizienter sind, auch wenn sie zum Teil eine aufwändigere Kühlung benötigen. Großtechnische Speichereinheiten könnten die Teilnehmer dann in Form von Anteilen beim Kreis erwerben. Würde man wegziehen, bekäme man den Restwert der Anteile in Geld wieder ausbezahlt.

- Die Modulmenge, die ein Haushalt installieren will, soll nicht begrenzt sein. Das Service-Center des Kreises berät die Teilnehmer, wie viele Module sie für die gewünschte Menge an Eigenstrom brauchen. Im Test soll ein spezielles Augenmerk darauf gelegt werden, wie viele Module die Haushalte darüber hinaus anschaffen wollen, um durch Stromtausch oder -verkauf zusätzliche Einkünfte zu erzielen. Dieser Indikator ist wichtig für die Schätzung des späteren Gesamtflächenbedarfs auf Bundesebene.

- Als wesentliches Testergebnis muss ein Montagestecksystem gefunden oder entwickelt werden, auf dem verschiedene PV-Module einfach zu montieren sind. Generell ist das Finden und Festlegen von Normierungen sinnvoll und erleichtert die spätere Massenproduktion jeglicher Komponenten.

- Jeder Teilnehmer hat an seinem Modulverbund einen kleinen digitalen Stromzähler, der ständig den produzierten Strom misst und die Werte zum Mitverfolgen ins Internet überträgt. Je nach Preislage könnte es auch noch wirtschaftlich sein, an jedem einzelnen Modul einen kleinen Stromzähler anzubringen (was zu prüfen wäre). Dies hätte den Vorteil, dass jedes Modul genau überwacht werden kann. Sollte eines der Module einmal ein technisches Problem haben, könnte dies leicht identifiziert und entsprechend behoben werden.

- Die Flexibilität des ganzen Systems soll ebenfalls genau untersucht werden. Die Teilnehmer sollen jederzeit Module nachkaufen und hinzufügen lassen können, beispielsweise ab einer Mindestmenge von jeweils fünf Modulen. Manche Haushalte haben eventuell ihre konventionelle Heizung oder ihr Benzin-Auto erst relativ neu angeschafft und möchten oder können beides noch nicht gleich wieder ersetzen.

- Die Beratung im Service-Center ist elementar und somit auch die Schulung der Kreismitarbeiter. Die Feldtests sollen hier helfen, die notwendigen Inhalte der Schulungen herauszufinden, damit die Service-Center-Mitarbeiter die Interessenten optimal aufklären und deren Bedarf an Photovoltaik-Modulen und Batterien ermitteln können.

Zur Bedarfsermittlung fragen die Mitarbeiter die Interessenten nach den aktuellen Stromverbrauchsgewohnheiten, z. B.: *Wie hoch war Ihr Stromverbrauch im letzten Jahr? Wie ist bei Ihnen das Verhältnis Tag-Nachtverbrauch? Verwenden Sie schon Energiesparlampen und -geräte? Welche Heizungsart haben Sie installiert* (das Service-Center kann auch beim Umstieg auf Infrarotheizung und Elektro-Auto eine Einstiegsberatung leisten)*? Welche Kosten verursacht die Heizung bei Ihnen? Wie groß ist Ihre zu heizende Wohnfläche? Gibt es noch Potential für Wärmedämmung oder haben Sie eine gut gedämmte Wohnung? Welches Auto fahren Sie? Wie alt ist es? Wie hoch sind Ihre Tankkosten? Fahren Sie eher Kurzstrecke? Etc.* (Weitere Fragen werden dann von den Expertenteams eruiert.)

Auf der zentralen Website werden die Antworten vom Service-Center-Mitarbeiter zur anschließenden Berechnung der benötigten PV-Module, Batterien und Windkraftanlagen-Anteilen in einem Kalkulations-Tool eingegeben. Gleichzeitig wird dem Interessenten das Tool, welches jedem öffentlich zur Verfügung steht, erklärt, sodass er es jederzeit selbst finden, benutzen und anderen Interessenten ebenfalls erläutern kann. Für diesen Teil wäre dann gegebenenfalls eine gewisse pädagogische Schulungseinheit für die Mitarbeiter von Nöten.

Die genannten sowie weitere Punkte sollen mit der Zielsetzung einer perfekten landesweiten Umsetzung untersucht werden.

Nach der Durchführung der Feldtests zieht die Expertenkommission dann ihre Schlussfolgerungen aus den Testergebnissen und verfasst darauf basierend ein Strategiepapier zur Beratung im Bundestagsausschuss.

4. Ergebnisdiskussion im Ausschuss und im Plenum des Bundestages und Abstimmung zu offenen Beschlusspunkten dort

Die Testergebnisse, die daraus gezogenen Schlussfolgerungen und das verfasste Strategiepapier werden nun im Bundestagsausschuss diskutiert und gegebenenfalls wird das Strategiepapier weiter angepasst.

Nach der anschließenden Vorstellung im Plenum des Bundestages und nach den notwendigen Abstimmungen in allen erforderlichen Beschlussorganen, kann das endgültige Strategiepapier aufgesetzt werden.

Aus den Ergebnissen der Feldtests und dem endgültigen Strategiepapier wird anschließend ein Leitfaden für die Kreise entwickelt, der eine Anleitung zur Umsetzung darstellt und auf einfache Art möglichst alle Fragen zur optimalen Realisierung der Steckplatz-Felder beantworten soll. Natürlich soll es für die Kreise auch intensive Schulungen zur Umsetzung und zur Organisation geben sowie ein bundesweites Berater-Team, das zu allen dennoch offengebliebenen Fragen telefonisch Auskunft geben kann.

Auf Basis des finalen Strategiepapiers werden dann auf jeder beteiligten politischen und behördlichen Ebene die entsprechenden Vorbereitungen für die deutschlandweite Einführung getroffen.

Was die operative Kompetenzverteilung anbelangt, so böte sich sinnvollerweise die Bundesnetzagentur für die technische Verantwortung und der Deutsche Landkreistag für die kreisübergreifende Verwaltungs-Verantwortung an. Beide Stellen müssten in diesem Fall eng zusammenarbeiten.

5. Umsetzung im Großmaßstab

Es wird empfohlen, dass mindestens zwei Monate vor dem Start jeder Kreis die notwendige Infrastruktur geschaffen und diese auf korrektes Funktionieren getestet hat. Der TÜV oder die Bundesnetzagentur muss jeweils die Funktionstüchtigkeit und die Erfüllung der Sicherheitsanforderungen bestätigen.

Um die bundesweite Stromnetzauslastung besser ausgleichen zu können, wird weiter empfohlen, dass die Bundesländer im Abstand von einer Woche nacheinander das System einführen bzw. mit dem Geschäftsbetrieb beginnen (kleinere Bundesländer könnten auch zusammengefasst werden).

Um zu lange Warteschlangen von Interessenten vor den Service-Büros der Kreise zu vermeiden, sollen die Beratungstermine am besten telefonisch vorab vereinbart werden.

Da eventuell ein großer Andrang bei den Bestellungen der Module und Batterien besteht, kann es natürlich zu mehrwöchigen Lieferzeiten kommen.

6. Ständige Nachkontrolle und Anpassungen, wenn nötig

Während der Einführung und darüber hinaus soll es ständige Nachkontrollen und, falls nötig, Anpassungen bei der Infrastruktur, der Organisation und der Kommunikation geben. Solche Anpassungswünsche und Vorschläge aller Art werden zentral gesammelt und von einem Gremium, bestehend aus allen Bundestagsausschussmitgliedern und Vertretern der Bundesnetzagentur sowie Vertretern des Deutschen Landkreistages beraten.

So wie in diesem Kapitel beschrieben, sollten wir die Umsetzung des Steckplatz-Projekts auf die effizient-möglichste Art schaffen. Vertrauen wir in unsere Organisationskraft!

Kapitel 4

Wir wollen es durchsetzen

Nachdem Sie nun das Konzept der Steckplatz-Felder genau kennen, frage ich Sie: Was denken Sie, wie schnell können wir es damit schaffen, Atomkraft, Kohle und Öl abzulösen? Ich darf Ihnen jetzt die gute Nachricht bringen und sagen: Das entscheiden Sie bzw. wir zusammen!

Mit Ihrer Unterstützung und mit der Unterstützung Ihrer Freunde entscheiden Sie, wann Deutschland mit der Umsetzung beginnt! Sie entscheiden mit Ihrer Tatkraft, wann wir anfangen, das „Lichtkapital", das wir in Deutschland haben, zu einer Lawine von Solarstrom zu machen. Und Sie entscheiden, wann wir zum modernsten Energie- und Wirtschaftsriesen der Erde werden, zum Exportweltmeister auch von Strom und das verbunden mit noch mehr gesunder Lebensqualität, die wir für uns erreichen können.

Auch wenn Deutschland von der Organisations- und Innovationskraft her prädestiniert ist, dieses Projekt als erstes Land umzusetzen, braucht es Ihre Werbung dafür – im jetzigen Stadium aus Richtung der Bevölkerung in Richtung Politik. Rufen Sie also gerne Ihre Abgeordneten an oder schreiben Sie ihnen Briefe oder E-Mails und informieren Sie sie über das Konzept der Steckplatz-Felder in diesem Buch. Parallel zu Ihren Bemühungen tue ich dies ebenfalls.

Auf der folgenden Website finden Sie die Abgeordneten Ihres Wahlkreises, bzw. die Gesamtliste aller aktuellen Abgeordneten im Bundestag (linke Navigationsspalte). Nach Klick auf deren Namen, finden Sie ungefähr rechts in der Mitte der Seite den Link, um die Abgeordneten per Online-Formular kontaktieren zu können:
http://www.bundestag.de/bundestag/abgeordnete17/index.jsp

Sie sind auch eingeladen, auf die persönliche Facebook-Seite der Abgeordneten zu schreiben. Oder schreiben Sie an Journalisten, verfassen Sie spannende Leserbriefe oder vielleicht fallen Ihnen noch andere Wege ein, um dieses Projekt in den Blickpunkt der Politik zu rücken.

Füllen wir unsere Demokratie mit Leben! Wir bekommen dadurch günstige und saubere Energie im Überfluss! Mit den hier vorgeschlagenen Maßnahmen schaffen wir das ab Einführung innerhalb von drei Jahren! Sind Sie auch dieser Meinung? Dann unterstützen Sie die Umsetzung gerne wann immer und wo immer Sie möchten!

Falls es das Konzept nicht bereits auf diesem Wege innerhalb eines Jahres in den Bundestag schaffen sollte, werde ich zusätzlich eine Petition zu diesem Zweck einreichen.

Bei Facebook können Sie den Fortschritt des Projekts weiter verfolgen, unter:
https://www.facebook.com/groups/Photovoltaiksteckplatzfelder.Deutschland/

Werden Sie auf Facebook ebenfalls Unterstützer(in) und Mobilisierer(in), indem Sie der Facebook-Gruppe unter dem obigen Link beitreten (Sie finden die Gruppenseite auf

Facebook ebenfalls, indem Sie nach dem Gruppennamen „Photovoltaik-Steckplatz-Felder_Deutschland" suchen). Teilen Sie also die Idee dieses Buches und den Link zur Facebook-Gruppenseite gerne mit Ihren Freunden und ermuntern Sie sie, diesen weiterzuempfehlen. Oder, senden Sie ihn an Ihre E-Mail-Kontakte aus Ihrem E-Mail-Postfach.

Machen Sie und wir alle als große Interessengemeinschaft den baldigen Wechsel zu günstiger und sauberer Energie möglich – für Sie selbst und für Ihre Kinder! Die Lösung ist dieses Buch!

Literatur-/Quellenverzeichnis

Agentur für Erneuerbare Energien e.V. (2012a): Strommix in Deutschland 2012. Berlin. – URL: http://www.unendlich-viel-energie.de/de/bioenergie/detailansicht/article/155/strommix-in-deutschland-2012.html – (Download: 03.03.2013).

Agentur für Erneuerbare Energien e.V. (2012b): Drei neue Energiegenossenschaften pro Woche. Berlin. – URL: http://www.unendlich-viel-energie.de/de/startseite/detailansicht/article/19/drei-neue-energiegenossenschaften-pro-woche.html – (Download: 21.03.2013).

Agentur für Erneuerbare Energien e.V. (2012c): Energiewende lässt Importabhängigkeit sinken: Erneuerbare vermeiden mehr als 6 Milliarden Euro Energieimporte. Berlin. – URL: http://www.unendlich-viel-energie.de/de/detailansicht/article/4/energiewende-laesst-importabhaengigkeit-sinken-erneuerbare-vermeiden-mehr-als-6-milliarden-euro-ene.html – (Download: 22.03.2013).

BDEW Bundesverband der Energie- und Wasserwirtschaft e.V. (2013a): Energiedaten. Berlin. – URL: http://www.bdew.de/internet.nsf/id/de_energiedaten – (Download: 22.03.2013).

BDEW Bundesverband der Energie- und Wasserwirtschaft e.V. (2013b): Energie-Info. Erneuerbare Energien und das EEG: Zahlen, Fakten, Grafiken (2013). Berlin. – URL: http:/bdew.de/internet.nsf/id/17DF3FA36BF264EBC1257B0A003EE8B8/$file/Energieinfo_EE-und-das-EEG-Januar-2013.pdf – (Download: 23.03.2013).

BSW – Bundesverband Solarwirtschaft e.V. (2013): Daten und Infos zur deutschen Solarbranche. Berlin. – URL: http://www.solarwirtschaft.de/presse-mediathek/marktdaten.html – (Download: 22.03.2013).

Bundesministerium für Wirtschaft und Technologie (2013): Zahlen und Fakten – Energiedaten. Berlin. – URL: http://www.bmwi.de/BMWi/Redaktion/Binaer/energie-daten-gesamt,property=blob,bereich=bmwi2012,sprache=de,rwb=true.xls – (Download: 14.01.2013).

Burger, B. (2013): Fraunhofer-Institut für solare Energiesysteme ISE. Stromerzeugung aus Solar- und Windenergie im Jahr 2012. Freiburg. – URL: http://www.ise.fraunhofer.de/de/downloads/pdf-files/aktuelles/stromproduktion-aus-solar-und-windenergie-2012.pdf – (Download: 22.03.2013).

Deutscher Wetterdienst (2012): Strahlungskarten der Mittelwerte (Zeitraum 1981 - 2010) für Deutschland. Offenbach. – URL: http://www.dwd.de/bvbw/appmanager/bvbw/dwdwwwDesktop?_nfpb=true&_pageLabel=dwdwww_result_page&portletMasterPortlet_i1gsbDocumentPath=Navigation%2FOeffentlichkeit%2FKlima__Umwelt%2FKlimagutachten%2FSolarenergie%2FGlobalstr__Karten__frei__node.html%3F__nnn%3Dtrue – (Download: 24.03.2013).

Energieforum-Hessen.de (2013): Infrarotheizungen – Kombination mit Photovoltaik. Mit Eigenstrom heizen: Infrarotheizungen und Solarenergie. Frankfurt am Main. – URL: http://www.energieforum-hessen.de/infrarotheizung/co2frei-infrarot-pv-photovoltaik.html – (Download: 22.03.2013).

Fraunhofer-Gesellschaft (2010): Presseinformation. Ökostrom als Erdgas speichern. München. – URL: http://www.fraunhofer.de/de/presse/presseinformationen/2010/04/strom-erdgas-speicher.html – (Download: 21.03.2013).

Grupo T-Solar Global S.A. (2013): Thin-film PV Panel – TS Full SJ TS410. Madrid. – URL: http://www.tsolar.com/recursos/doc/Innovacion/Fabricacion/Modulos_TSolar_Ingles/337301033_19122012161919.pdf – (Download: 21.03.2013).

Houben, M. (2012): markt-Scanner. Elektroautos: Was sie leisten, was sie kosten. Informationen zur Sendung vom 10.09.2012. Köln. – URL: http://www.wdr.de/tv/markt/sendungsbeitraege/2012/0910/download/Elektroautos.pdf – (Download: 22.03.2013).

Ingenieurbüro Floecksmühle/Institut für Strömungsmechanik und Hydraulische Strömungsmaschinen der Universität Stuttgart (IHS)/Hydrotec Ing.-Ges. für Wasser und Umwelt mbH/Fichtner GmbH & Co. KG (2010): Potentialermittlung für den Ausbau der Wasserkraftnutzung in Deutschland. Bundesministerium für Umwelt, Naturschutz und Reaktorsicherheit (BMU) (Hrsg.). Aachen/Berlin. – URL: http://www.erneuerbare-energien.de/fileadmin/ee-import/files/pdfs/allgemein/application/pdf/potential_wasserkraft_bf.pdf – (Download: 03.03.2013).

Institut für Wärme und Oeltechnik e. V. (IWO) (2013): Brennwert und Heizwert. Hamburg. – URL: http://www.iwo.de/fachwissen/oeltechnik/brennwerttechnik/brennwert-und-heizwert/ – (Download: 22.03.2013).

Kosack, P. (2009): Bericht zum Forschungprojekt „Beispielhafte Vergleichsmessung zwischen Infrarotstrahlungsheizung und Gasheizung im Altbaubereich". Kaiserslautern. – URL: http://www-user.rhrk.uni-kl.de/~kosack/forschung/?download=ForschungsberichtIR.pdf – (Download: 22.03.2013).

Kost, C./Schlegl, T./Thomsen, J./Nold, S./Mayer, J. (2012): Studie Stromgestehungskosten Erneuerbare Energien. Fraunhofer-Institut für solare Energiesysteme ISE. Freiburg. – URL: http://www.ise.fraunhofer.de/de/veroeffentlichungen/veroeffentlichungen-pdf-dateien/studien-und-konzeptpapiere/studie-stromgestehungskosten-erneuerbare-energien.pdf – (Download: 03.03.2013).

Küchler, S./Litz, P. (2013): Strompreise in Europa und Wettbewerbsfähigkeit der stromintensiven Industrie. Kurzanalyse im Auftrag der Bundestagsfraktion BÜNDNIS 90/DIE GRÜNEN. Berlin. – URL: http://www.foes.de/pdf/2013-01-Industriestrompreise-Wettbewerbsfaehigkeit.pdf – (Download: 23.03.2013).

Küchler, S./Meyer, B./Blanck, S. (2012): Was Strom wirklich kostet. Vergleich der staatlichen Förderungen und gesamtgesellschaftlichen Kosten von konventionellen und erneuerbaren Energien. Forum Ökologisch-Soziale Marktwirtschaft e.V. (FÖS)/Greenpeace Energy eG (Hrsg.)/Bundesverband WindEnergie e.V. (BWE) (Hrsg.). Berlin/Hamburg. –

URL: http://www.foes.de/pdf/2012-08-Was_Strom_wirklich_kostet_kurz.pdf – (Download: 03.03.2013).

pvXchange GmbH (2013): Preisindex. Köln. – URL: http://www.pvxchange.com/priceindex/Default.aspx – (Download: 03.03.2013).

Stadtverwaltung Gaildorf (2013): Projekt Naturstromspeicher. Artikel. Gaildorf. – URL: http://www.gaildorf.de/data/e-BuergerArtikel.php?id=233806 – (Download: 21.03.2013).

Statistisches Bundesamt (2012): Landwirtschaftlich genutzte Fläche rückläufig, Erntemengen legen zu. Wiesbaden. – URL: https://www.destatis.de/DE/PresseService/Presse/Pressemitteilungen/2012/10/PD12_360_41 2.html – (Download: 22.03.2013).

Sterner, M./Jentsch, M./Trost, T./Pape, C./Gerhardt, N. (2012): Power-to-Gas: Energiespeicherung durch die Kopplung von Strom- und Gasnetzen. Regensburg. – URL: http://www.hs-regensburg.de/fileadmin/media/professoren/ei/sterner/pdf/2012_04_Sterner_Pfaffenhofen_Po wer-to-Gas_p.pdf – (Download: 21.03.2013).

Umweltbundesamt (2012): Primärenergiegewinnung und –importe. Dessau-Roßlau. – URL: http://www.umweltbundesamt-daten-zur-umwelt.de/umweltdaten/public/theme.do? nodeIdent=3608 – (Download: 22.03.2013).

Verivox GmbH (2013): Jahreswechsel: Strompreise um 11 Prozent gestiegen. Heidelberg. – URL: http://www.verivox.de/nachrichten/jahreswechsel-strompreise-um-11-prozent-gestiegen-91087.aspx – (Download: 22.03.2013).

Werner, K. (2012): Hoffnung HGÜ: So funktioniert Hochspannungs-Gleichstrom. Hamburg. – URL: http://www.ftd.de/wissen/technik/:hoffnung-hg-ue-so-funktioniert-hochspannungs-gleichstrom/70044419.html – (Download: 22.03.2013).

Wirth, H. (2013): Aktuelle Fakten zur Photovoltaik in Deutschland. Fraunhofer-Institut für solare Energiesysteme ISE. Freiburg. – URL: http://www.ise.fraunhofer.de/de/veroeffentlichungen/veroeffentlichungen-pdf-dateien/studien-und-konzeptpapiere/aktuelle-fakten-zur-photovoltaik-in-deutschland.pdf – (Download: 03.03.2013).

World Nuclear Association (2012): Radioactive Wastes – Myths and Realities. London. – URL: http://www.world-nuclear.org/info/inf103.html – (Download: 21.03.2013).

Abbildungen

Agentur für Erneuerbare Energien e.V. (2012d): Energiekosten in Privathaushalten. Berlin. – URL: http://www.unendlich-viel-energie.de/de/detailansicht/article/226/energiekosten-in-privathaushalten.html – (Download: 24.03.2013).

Burger, B. (2013): Fraunhofer-Institut für solare Energiesysteme ISE. Stromerzeugung aus Solar- und Windenergie im Jahr 2012. Freiburg. – URL: http://www.ise.fraunhofer.de/de/downloads/pdf-files/aktuelles/stromproduktion-aus-solar-und-windenergie-2012.pdf – (Download: 22.03.2013).

Energieforum-Hessen.de (2013): Infrarotheizungen eine echte Alternative?. Frankfurt am Main. – URL: http://www.energieforum-hessen.de/infrarotheizung/infrarotheizungen-wissenschaftliche-studie.html – (Download: 22.03.2013).

Über den Autor

Clemens Hauser, geboren 1975, ist innovativer Entwickler für Produkt- und Dienstleistungsangebote sowie für ganze Marktszenarien. Akademisch und beruflich aus dem Marketing bzw. betriebswirtschaftlichen Bereich kommend, geht er in seinem ersten Buch die Vergünstigung der Energiepreise und die Durchsetzung der erneuerbaren Energien an, immer vor dem Hintergrund der Umsetzbarkeit und mit klaren Handlungsvorschlägen. Sein besonderes Augenmerk richtet er dabei stets auf den Nutzen sowohl für den Einzelnen als auch für die Gemeinschaft. So beabsichtigt er mit diesem Buch nichts Geringeres, als die Energiesituation weltweit durch eine neue und dennoch naheliegende Form der Verfügbarmachung von sauberer Energie völlig zu verändern. Besonders bemerkenswert ist sein positiver und praktischer Denkstil, der sich in seiner Arbeit widerspiegelt.

www.ingramcontent.com/pod-product-compliance
Lightning Source LLC
Chambersburg PA
CBHW052053190326
41519CB00002BA/209